全国科学技术名词审定委员会

公　　布

科学技术名词·自然科学卷（全藏版）

30

自然辩证法名词

CHINESE TERMS IN DIALECTICS OF NATURE

自然辩证法名词审定委员会

国家自然科学基金资助项目

科学出版社

北　京

内 容 简 介

本书是全国科学技术名词审定委员会审定公布的自然辩证法规范名词。全书分总论，自然哲学，科学哲学，技术哲学，科学技术方法论和科学、技术与社会6部分，共2115条。书末附有英汉、汉英索引，以利查询、检索。这些名词是科研、教学、生产、经营以及新闻出版等部门应遵照使用的自然辩证法规范名词。

图书在版编目(CIP)数据

科学技术名词. 自然科学卷：全藏版 / 全国科学技术名词审定委员会审定.
—北京：科学出版社，2017.1

ISBN 978-7-03-051399-1

I. ①科… II. ①全… III. ①科学技术–名词术语 ②自然科学–名词术语
IV. ①N61

中国版本图书馆 CIP 数据核字(2016)第 314947 号

责任编辑：邬 江 / 责任校对：陈玉凤

责任印制：张 伟 / 封面设计：铭轩堂

科学出版社 出版

北京东黄城根北街 16 号

邮政编码：100717

http://www.sciencep.com

北京厚诚则铭印刷科技有限公司印刷

科学出版社发行 各地新华书店经销

*

2017 年 1 月第 一 版 开本：787×1092 1/16

2017 年 1 月第一次印刷 印张：9 1/4

字数：244 000

定价：5980.00 元(全 30 册)

(如有印装质量问题，我社负责调换)

全国科学技术名词审定委员会
第四届委员会委员名单

特邀顾问：吴阶平　　钱伟长　　朱光亚　　许嘉璐

主　　任：路甬祥

副 主 任（按姓氏笔画为序）：

于永湛　马　阳　王景川　朱作言　江蓝生　李宇明
汪继祥　张尧学　张先恩　金德龙　宣　湘　章　综
潘书祥

委　　员（按姓氏笔画为序）：

马大猷　王　夔　王大珩　王之烈　王永炎　王国政
王树岐　王祖望　王铁琨　王　骧　韦　弦　方开泰
卢鉴章　叶笃正　田在艺　冯志伟　师昌绪　朱照宣
仲增墉　华茂昆　刘　民　刘瑞玉　祁国荣　许　平
孙家栋　孙敬三　孙儒泳　苏国辉　李行健　李启斌
李星学　李保国　李焯芬　李德仁　杨　凯　吴　奇
吴凤鸣　吴志良　吴希曾　吴钟灵　汪成为　沈国舫
沈家祥　宋大祥　宋天虎　张　伟　张　耀　张广学
张光斗　张爱民　张增顺　陆大道　陆建勋　陈太一
陈运泰　陈家才　阿里木·哈沙尼　范少光　范维唐
林玉乃　季文美　周孝信　周明煜　周定国　赵寿元
赵凯华　姚伟彬　贺寿伦　顾红雅　徐　僖　徐正中
徐永华　徐乾清　翁心植　席泽宗　黄玉山　黄昭厚
康景利　章　申　梁战平　葛锡锐　董　琨　韩布新
粟武宾　程光胜　程裕淇　傅永和　鲁绍曾　蓝　天
雷震洲　褚善元　樊　静　薛永兴

自然辩证法名词审定委员会委员名单

顾　问：于光远　龚育之　朱　训　范岱年　何祚庥
彭瑞骢　梁存秀　江天骥　查汝强

主　任：丘亮辉

副主任：邱仁宗　吴凤鸣　王国政　李伯聪

委　员（按姓氏笔画为序）：

王玉平　王炳福　王德胜　刘文海　刘华杰
刘孝廷　刘珺珺　刘新民　孙小礼　孙慕天
李廷举　李庆臻　李惠国　李醒民　杨德荣
吴义生　吴延涪　吴国盛　余谋昌　张明国
张湘琴　陈昌曙　林定夷　林夏水　周昌忠
周春彦　金吾伦　胡文耕　胡新和　柳树滋
施雁飞　费多益　贾云祥　殷正坤　殷登祥
高达声　高亮华　黄昭厚　黄顺基　黄麟雏
常　青　董光璧　韩增禄　傅世侠

秘　书：高亮华　王建军　庞　薇

自然辩证法名词审定委员会各组负责人名单

总论组组长：黄顺基　贾云祥

自然哲学组组长：金吾伦　吴国盛

科学哲学组组长：范岱年　邱仁宗

技术哲学组组长：高亮华　刘文海

科学技术方法论组组长：韩增禄　孙小礼

科学、技术与社会组组长：李伯聪　李惠国　刘珺珺

卢嘉锡序

科技名词伴随科学技术而生，犹如人之诞生其名也随之产生一样。科技名词反映着科学研究的成果，带有时代的信息，铭刻着文化观念，是人类科学知识在语言中的结晶。作为科技交流和知识传播的载体，科技名词在科技发展和社会进步中起着重要作用。

在长期的社会实践中，人们认识到科技名词的统一和规范化是一个国家和民族发展科学技术的重要的基础性工作，是实现科技现代化的一项支撑性的系统工程。没有这样一个系统的规范化的支撑条件，科学技术的协调发展将遇到极大的困难。试想，假如在天文学领域没有关于各类天体的统一命名，那么，人们在浩瀚的宇宙当中，看到的只能是无序的混乱，很难找到科学的规律。如是，天文学就很难发展。其他学科也是这样。

古往今来，名词工作一直受到人们的重视。严济慈先生60多年前说过，“凡百工作，首重定名；每举其名，即知其事”。这句话反映了我国学术界长期以来对名词统一工作的认识和做法。古代的孔子曾说“名不正则言不顺”，指出了名实相副的必要性。荀子也曾说“名有固善，径易而不拂，谓之善名”，意为名有完善之名，平易好懂而不被人误解之名，可以说是好名。他的“正名篇”即是专门论述名词术语命名问题的。近代的严复则有“一名之立，旬月踟躇”之说。可见在这些有学问的人眼里，“定名”不是一件随便的事情。任何一门科学都包含很多事实、思想和专业名词，科学思想是由科学事实和专业名词构成的。如果表达科学思想的专业名词不正确，那么科学事实也就难以令人相信了。

科技名词的统一和规范化标志着一个国家科技发展的水平。我国历来重视名词的统一与规范工作。从清朝末年的科学名词编订馆，到1932年成立的国立编译馆，以及新中国成立之初的学术名词统一工作委员会，直至1985年成立的全国自然科学名词审定委员会（现已改名为全国科学技术名词审定委员会，简称全国名词委），其使命和职责都是相同的，都是审定和公布规范名词的权威性机构。现在，参与全国名词委领导工作的单位有中国科学院、科学技术部、教育部、中国科学技术协会、国家自然科学基金委员会、新闻出版署、国家质量技术监督局、国家广播电影电视总局、国家知识产权局和国家语言文字工作委员会，这些部委各自选派了有关领导干部担任全国名词委的领导，有力地推动科技名词的统一和推广应用工作。

全国名词委成立以后，我国的科技名词统一工作进入了一个新的阶段。在第一任主任委员钱三强同志的组织带领下，经过广大专家的艰苦努力，名词规范和统一工作取得了显著的成绩。1992年三强同志不幸谢世。我接任后，继续推动和开展这项工作。在国家和有关部门的支持及广大专家学者的努力下，全国名词委15年来按学科共组建了50多个学科的名词审定分委员会，有1800多位专家、学者参加名词审定工作，还有更多的专家、学者参加书面审查和座谈讨论等，形成的科技名词工作队伍规模之大、水平层次之高前所未有。15年间共审定公布了包括理、工、农、医及交叉学科等各学科领域的名词共计50多种。而且，对名词加注定义的工作经试点后业已逐渐展开。另外，遵照术语学理论，根据汉语汉字特点，结合科技名词审定工作实践，全国名词委制定并逐步完善了一套名词审定工作的原则与方法。可以说，在20世纪的最后15年中，我国基本上建立起了比较完整的科技名词体系，为我国科技名词的规范和统一奠定了良好的基础，对我国科研、教学和学术交流起到了很好的作用。

在科技名词审定工作中，全国名词委密切结合科技发展和国民经济建设的需要，及时调整工作方针和任务，拓展新的学科领域开展名词审定工作，以更好地为社会服务、为国民经济建设服务。近些年来，又对科技新词的定名和海峡两岸科技名词对照统一工作给予了特别的重视。科技新词的审定和发布试用工作已取得了初步成效，显示了名词统一工作的活力，跟上了科技发展的步伐，起到了引导社会的作用。两岸科技名词对照统一工作是一项有利于祖国统一大业的基础性工作。全国名词委作为我国专门从事科技名词统一的机构，始终把此项工作视为自己责无旁贷的历史性任务。通过这些年的积极努力，我们已经取得了可喜的成绩。做好这项工作，必将对弘扬民族文化，促进两岸科教、文化、经贸的交流与发展作出历史性的贡献。

科技名词浩如烟海，门类繁多，规范和统一科技名词是一项相当繁重而复杂的长期工作。在科技名词审定工作中既要注意同国际上的名词命名原则与方法相衔接，又要依据和发挥博大精深的汉语文化，按照科技的概念和内涵，创造和规范出符合科技规律和汉语文字结构特点的科技名词。因而，这又是一项艰苦细致的工作。广大专家学者字斟句酌，精益求精，以高度的社会责任感和敬业精神投身于这项事业。可以说，全国名词委公布的名词是广大专家学者心血的结晶。这里，我代表全国名词委，向所有参与这项工作的专家学者们致以崇高的敬意和衷心的感谢！

审定和统一科技名词是为了推广应用。要使全国名词委众多专家多年的劳动成果——规范名词——成为社会各界及每位公民自觉遵守的规范，需要全社会的理解和支持。国务院和4个有关部委［国家科委（今科学技术部）、中国科学院、国家教委（今教育部）和新闻出版署］已分别于1987年和1990年行文全国，要求全国各科研、教学、生产、经营以及新闻出版等单位遵照使用全国名词委审定公布的名词。希望社会各界自觉认真地执行，共同做好这项对于科技发展、社会进步和国家统一极为重要的基础工作，为振兴中华而努力。

值此全国名词委成立15周年、科技名词书改装之际，写了以上这些话。是为序。

2000年夏

钱三强序

科技名词术语是科学概念的语言符号。人类在推动科学技术向前发展的历史长河中,同时产生和发展了各种科技名词术语,作为思想和认识交流的工具,进而推动科学技术的发展。

我国是一个历史悠久的文明古国,在科技史上谱写过光辉篇章。中国科技名词术语,以汉语为主导,经过了几千年的演化和发展,在语言形式和结构上体现了我国语言文字的特点和规律,简明扼要,蓄意深切。我国古代的科学著作,如已被译为英、德、法、俄、日等文字的《本草纲目》、《天工开物》等,包含大量科技名词术语。从元、明以后,开始翻译西方科技著作,创译了大批科技名词术语,为传播科学知识,发展我国的科学技术起到了积极作用。

统一科技名词术语是一个国家发展科学技术所必须具备的基础条件之一。世界经济发达国家都十分关心和重视科技名词术语的统一。我国早在1909年就成立了科学名词编订馆,后又于1919年中国科学社成立了科学名词审定委员会,1928年大学院成立了译名统一委员会。1932年成立了国立编译馆,在当时教育部主持下先后拟订和审查了各学科的名词草案。

新中国成立后,国家决定在政务院文化教育委员会下,设立学术名词统一工作委员会,郭沫若任主任委员。委员会分设自然科学、社会科学、医药卫生、艺术科学和时事名词五大组,聘任了各专业著名科学家、专家,审定和出版了一批科学名词,为新中国成立后的科学技术的交流和发展起到了重要作用。后来,由于历史的原因,这一重要工作陷于停顿。

当今,世界科学技术迅速发展,新学科、新概念、新理论、新方法不断涌现,相应地出现了大批新的科技名词术语。统一科技名词术语,对科学知识的传播,新学科的开拓,新理论的建立,国内外科技交流,学科和行业之间的沟通,科技成果的推广、应用和生产技术的发展,科技图书文献的编纂、出版和检索,科技情报的传递等方面,都是不可缺少的。特别是计算机技术的推广使用,对统一科技名词术语提出了更紧迫的要求。

为适应这种新形势的需要,经国务院批准,1985年4月正式成立了全国自然科学名词审定委员会。委员会的任务是确定工作方针,拟定科技名词术语审定工作计划、实施方案和步骤,组织审定自然科学各学科名词术语,并予以公布。根据国务院授权,委员会审定公布的名词术语,科研、教学、生产、经营以及新闻出版等各部门,均应遵照使用。

全国自然科学名词审定委员会由中国科学院、国家科学技术委员会、国家教育委员会、中国科学技术协会、国家技术监督局、国家新闻出版署、国家自然科学基金委员会分别委派了正、副主任担任领导工作。在中国科协各专业学会密切配合下,逐步建立各专业审定分委员会,并已建立起一支由各学科著名专家、学者组成的近千人的审定队伍,负责审定本学科的名词术语。我国的名词审定工作进入了一个新的阶段。

这次名词术语审定工作是对科学概念进行汉语订名,同时附以相应的英文名称,既有我国语言特色,又方便国内外科技交流。通过实践,初步摸索了具有我国特色的科技名词术语审定的原则与方法,以及名词术语的学科分类、相关概念等问题,并开始探讨当代术语学的理论和方法,以期逐步建立起符合我国语言规律的自然科学名词术语体系。

统一我国的科技名词术语,是一项繁重的任务,它既是一项专业性很强的学术性工作,又涉及到亿万人使用习惯的问题。审定工作中我们要认真处理好科学性、系统性和通俗性之间的关系;主科与副科间的关系;学科间交叉名词术语的协调一致;专家集中审定与广泛听取意见等问题。

汉语是世界五分之一人口使用的语言,也是联合国的工作语言之一。除我国外,世界上还有一些国家和地区使用汉语,或使用与汉语关系密切的语言。做好我国的科技名词术语统一工作,为今后对外科技交流创造了更好的条件,使我炎黄子孙,在世界科技进步中发挥更大的作用,作出重要的贡献。

统一我国科技名词术语需要较长的时间和过程,随着科学技术的不断发展,科技名词术语的审定工作,需要不断地发展、补充和完善。我们将本着实事求是的原则,严谨的科学态度做好审定工作,成熟一批公布一批,提供各界使用。我们特别希望得到科技界、教育界、经济界、文化界、新闻出版界等各方面同志的关心、支持和帮助,共同为早日实现我国科技名词术语的统一和规范化而努力。

钱三强

1992 年 2 月

前　　言

我国的自然辩证法名词审定工作是于1990年开始的。1990年4月6日全国自然科学名词审定委员会(现称全国科学技术名词审定委员会)和中国自然辩证法研究会正式成立了自然辩证法名词审定委员会,并于4月6日和6月28日召开两次全体委员会议,讨论了名词审定的工作条例、收词框架、收词标准、工作程序和分工。委员们一致认为收词标准基本上排除纯自然科学和哲学社会科学名词,而着重收入既有科学技术,又有哲学社会科学双重概念或双重意义的专有名词,又鉴于我国尚未进行哲学社会科学的名词审定工作,故此次对基本的、常用的若干哲学社会科学名词的收词适当放宽,一般收入一二级词。为工作方便,将自然辩证法名词审定的工作班子按学科结构分为:总论,自然哲学,科学哲学,技术哲学,科学技术方法论和科学、技术与社会6个小组,分头、分阶段开展工作。原计划第一阶段提出和确定名词条目,第二阶段撰写名词的定义性注释,第三阶段审定名词条目及定义性注释。但由于种种原因,工作曾一度停顿。在全国科学技术名词审定委员会一再推动下,再次启动时,人员和学术环境已有很大变化。自然辩证法这门科学有其独特之处,学科交叉,学科内容极其复杂、丰富,发展变化快,许多名词、概念尚不成熟或处于流变中,许多概念的定义在本专业内尚有分歧,有些名词的译法极多,很难统一。现已很难进一步开展大规模的增加定义和注释的工作。所以,审定工作再次启动后只能在前期工作的基础上重新整理、总结,请各专业组负责人认真审核、校订,以此作为自然辩证法名词审定工作的阶段性成果公诸于世,待将来时机和条件成熟后再作进一步的充实、完善。

在此,我们对参加前、后期自然辩证法名词审定工作的专家、学者们表示由衷的感谢。

自然辩证法名词审定委员会
2002年12月12日

编 排 说 明

一、本书公布的是自然辩证法基本名词。

二、全书正文按主要分支学科分为总论,自然哲学,科学哲学,技术哲学,科学技术方法论和科学、技术与社会6部分。

三、正文中的汉文词按学科的相关概念排列,并附有与其概念相同的符合国际习惯用法的英文名或其他外文名。

四、一个汉文名对应几个英文同义词而不便取舍时,则用“;”分开。对应的外文词为非英文时,用“( )”注明文种。

五、英文名首字母大、小写均可时,一律小写。英文名除必须用复数者,一般用单数。

六、汉文名的主要异名列在注释栏内。其中“又称”“简称”“全称”可继续使用,“曾称”为不再使用的旧名。

七、“[ ]”内的字使用时可以省略。

八、正文后所附的英汉索引按英文字母顺序排列;汉英索引按汉语拼音顺序排列。所示号码为该词在正文中的序码。索引中带“*”者为注释栏内的条目。

目　　录

卢嘉锡序
钱三强序
前言
编排说明

正文

01.　总论 …… 1
02.　自然哲学 …… 11
　02.01　自然哲学总论 …… 11
　02.02　中国自然哲学史 …… 14
　02.03　西方自然哲学史 …… 18
03.　科学哲学 …… 20
　03.01　科学哲学总论 …… 20
　03.02　数学哲学 …… 36
　03.03　物理学哲学 …… 37
　03.04　化学哲学 …… 38
　03.05　天文学哲学 …… 39
　03.06　地学哲学 …… 39
　03.07　生物学哲学 …… 40
　03.08　心理学哲学 …… 41
04.　技术哲学 …… 43
　04.01　技术哲学总论 …… 43
　04.02　工程哲学 …… 46
　04.03　系统科学哲学 …… 47
　04.04　环境科学哲学 …… 49
　04.05　农业科学哲学 …… 50
　04.06　医学哲学 …… 52
05.　科学技术方法论 …… 54
06.　科学、技术与社会 …… 62
　06.01　科学、技术与社会总论 …… 62
　06.02　科学社会学 …… 63
　06.03　技术社会学 …… 65

附录

英汉索引 …… 67
汉英索引 …… 99

01. 总　　论

序　码	汉　文　名	英　文　名	注　　释
01.001	辩证法	dialectics	
01.002	形而上学	metaphysics	
01.003	客观辩证法	objective dialectics	
01.004	主观辩证法	subjective dialectics	
01.005	自然辩证法	dialectics of nature	
01.006	自然界的辩证法	dialectics in nature	
01.007	社会辩证法	dialectics of society	又称"历史辩证法"。
01.008	唯物史观	materialist conception of history	
01.009	历史唯物主义	historical materialism	
01.010	社会历史哲学	social and historical philosophy	
01.011	辩证思维	dialectical thinking	
01.012	思维辩证法	dialectics of thinking	
01.013	科学技术哲学	philosophy of science and technology	
01.014	哲学	philosophy	
01.015	哲学基本问题	basic problems of philosophy	
01.016	世界观	view of world	又称"宇宙观"。
01.017	方法论	methodology	
01.018	科学观	view of science	
01.019	科学学	science of science	
01.020	技术观	view of technology	
01.021	技术论	theory of technology	
01.022	科技与社会	sociology of science and technology	又称"科学技术社会学"。
01.023	社会学	sociology	
01.024	知识社会学	sociology of knowledge	
01.025	自然科学哲学问题	philosophical problems of natural sciences	
01.026	生态学哲学	philosophy of ecology	
01.027	农学哲学	philosophy of agronomy	
01.028	科学技术论	theory of science and technology	
01.029	科学	science	
01.030	自然科学	natural sciences	

序　码	汉 文 名	英 文 名	注　　释
01.031	社会科学	social sciences	
01.032	思维科学	noetic sciences	
01.033	普通逻辑	general logic; universal logic	
01.034	辩证逻辑	dialectical logic	
01.035	自然语言逻辑	logic of natural language	
01.036	人工语言逻辑	logic of artificial language	
01.037	符号逻辑	symbolic logic	
01.038	理论科学	theoretical science	
01.039	实验科学	experimental science	
01.040	基础科学	basic science	
01.041	应用科学	applied science	
01.042	技术科学	technical science	
01.043	交叉科学	disciplinary sciences	
01.044	边缘科学	marginal science	
01.045	科学体系学	systematics of science	
01.046	科学逻辑学	logic of science	
01.047	科学技术政策学	studies of science and technology policy	
01.048	科学技术管理学	management science of science and technology	
01.049	科学经济学	economics of science	
01.050	科学心理学	psychology of science	
01.051	科学能力学	theory of scientific ability	
01.052	科学技术人才学	theory of qualified scientists and technicians	
01.053	科学教育学	pedagogics of science	
01.054	科学美学	aesthetics of science	
01.055	技术史	history of technology	
01.056	石器时代	Stone Age	
01.057	青铜时代	Bronze Age	
01.058	铁器时代	Iron Age	
01.059	蒸汽机时代	Steam Engine Age	
01.060	电气化时代	Electrification Age	
01.061	计算机时代	Computer Age	
01.062	宇航时代	Astronavigation Age	
01.063	信息时代	Information Age	
01.064	产业革命	the Industrial Revolution	

序 码	汉 文 名	英 文 名	注 释
01.065	第一次技术革命	the first technical revolution	
01.066	第二次技术革命	the second technical revolution	
01.067	第三次技术革命	the third technical revolution	
01.068	新技术革命	the new technical revolution	
01.069	软科学	soft science	
01.070	硬科学	hard science	
01.071	管理科学	management science	
01.072	决策科学	science of policymaking	
01.073	预测科学	prognostics	
01.074	领导科学	science of leadership	
01.075	发展理论	theory of development	
01.076	发展经济学	development economics	
01.077	发展社会学	development sociology	
01.078	行为科学	science of behavior	
01.079	人才科学	theory of talented persons	
01.080	胀观	distend-cosmic	
01.081	宇观	cosmoscopic	
01.082	宏观	macroscopic	
01.083	微观	microscopic	
01.084	渺观	tiny-cosmic	
01.085	宇宙学	cosmology	
01.086	天文学	astronomy	
01.087	大爆炸宇宙论	big-bang cosmology	
01.088	宇宙无限说	theory of infinite universe	
01.089	宇宙有限说	theory of finite universe	
01.090	物质观	view of matter	
01.091	物质	matter	
01.092	物质不灭	conservation of matter	
01.093	物质层次结构	hierarchical structure of matter	
01.094	自然界物质形态	forms of matter in the nature	
01.095	世界的物质统一性	material unity of the world	
01.096	物质变换	transformation of matter	
01.097	物料	material	
01.098	能量守恒与转化定律	energy conservation and transformation law	
01.099	能源	energy sources	

序码	汉文名	英文名	注释
01.100	能源问题	energy problem	又称“能源危机(energy crisis)”。
01.101	能源科学	energy science	
01.102	信息	information	
01.103	信息爆炸	information explosion	
01.104	反物质	antimatter	
01.105	时空观	view of time and space	
01.106	时间观	view of time	
01.107	时间	time	
01.108	时间的客观性	objectivity of time	
01.109	时间的无限性	infinite of time	
01.110	空间观	view of space	
01.111	空间	space	
01.112	空间的客观性	objectivity of space	
01.113	三维空间	three dimensional space	
01.114	多维空间	multidimensional space	
01.115	空间的无限性	infinite of space	
01.116	时空学说	theory of time and space	
01.117	机械论的时空观	mechanical view of time and space	
01.118	牛顿时空观	Newton's view of time and space	
01.119	相对论的时空观	relativistic view of time and space	
01.120	爱因斯坦时空观	Einstein's view of time and space	
01.121	意识论	theory of consciousness	
01.122	意识	consciousness	
01.123	无意识	unconsciousness	
01.124	前意识	preconsciousness	
01.125	下意识	subconsciousness	
01.126	图式	schema	
01.127	认知图式	schema of cognition	
01.128	儿童心理学	psychology of child	
01.129	巴甫洛夫学说	Pavlov's theory	
01.130	运动观	view of motion	
01.131	运动和静止	motion and standstill	
01.132	运动不灭	conservation of motion	
01.133	自然运动	motion of nature	
01.134	社会运动	motion of society	
01.135	思维运动	motion of thinking	

序码	汉文名	英文名	注释
01.136	机械运动	mechanical motion	
01.137	物理运动	physical motion	
01.138	生物运动	biological motion	
01.139	基本粒子运动	fundamental particle motion	
01.140	电磁运动	electromagnetic motion	
01.141	宇宙运动	cosmos motion	
01.142	天体运动	celestial bodies motion	
01.143	联系	connexion	
01.144	普遍联系	universal connexion	
01.145	中介	mediation	
01.146	作用	action	
01.147	作用和反作用	action and reaction	
01.148	相互作用	coaction；interaction	
01.149	引力相互作用	gravitational interaction	
01.150	电磁相互作用	electromagnetic interaction	
01.151	弱相互作用	weak interaction	
01.152	强相互作用	strong interaction	
01.153	变化	change	
01.154	量变	quantitative change	
01.155	质变	qualitative change	
01.156	部分量变	partial quantitative change	
01.157	部分质变	partial qualitative change	
01.158	相变	phase transition	
01.159	突变	catastrophe	
01.160	矛盾	contradiction	
01.161	对立统一	unity of opposites	
01.162	矛盾的客观性	objectivity of contradiction	
01.163	矛盾的普遍性和特殊性	universality and particularity of contradiction	
01.164	矛盾的统一性和斗争性	identity and struggle of contradiction	
01.165	矛盾的绝对性和相对性	absolute and relative of contradiction	
01.166	发展	development	
01.167	循环	circulation；cycle	
01.168	微循环	micro-cycle	
01.169	过程	process	

序　码	汉　文　名	英　文　名	注　　释
01.170	过程论	theory of process	
01.171	过程哲学	process philosophy	
01.172	规律论	view of laws	
01.173	规律	law	
01.174	规律的客观性	objectivity of law	
01.175	客观规律	objective law	
01.176	主观能动性	subjective activity	
01.177	唯物辩证法的规律	law of materialist dialectics	
01.178	对立统一规律	law of unity of opposites	
01.179	质量互变规律	law of mutual change of quality and quantity	
01.180	否定之否定规律	law of the negation of negation	
01.181	肯定和否定	affirmation and negation	
01.182	扬弃	sublation	
01.183	自然辩证法规律	law of dialectics of nature	
01.184	系统层次律	ordered structural principle	
01.185	转化守恒律	principle of conservation of transformations	
01.186	循环发展律	principle of cyclical development	
01.187	自然界运动转化的守恒性	conservation of transformations of motion in nature	
01.188	自然界运动过程的内在否定性	inherent negativeness of motion process in nature	
01.189	自然界变化发展的周期性	periodicity of change and development in nature	
01.190	和谐原理	harmony principle	
01.191	守恒原理	conservation principle	
01.192	方向原理	orientation principle	
01.193	最优原理	optimum principle	
01.194	社会历史运动规律	law of social development	
01.195	生产关系适应生产力发展状况的规律	law of conformity of production relations to the state of productive forces	
01.196	上层建筑适应经济基础发展状	law of conformity of superstructure to the state of economic basis	

序码	汉文名	英文名	注释
	况的规律		
01.197	思维规律	law of thinking	
01.198	普通思维规律	law of general thinking	
01.199	同一律	law of identity	
01.200	矛盾律	law of contradiction	
01.201	排中律	law of excluded middle	
01.202	充足量由律	law of sufficient reason	
01.203	辩证思维规律	law of dialectical thinking	
01.204	具体同一律	law of concrete identity	
01.205	总体综合律	law of overall synthesis	
01.206	能动转化律	law of dynamic transformation	
01.207	周期发展律	law of periodic development	
01.208	逻辑历史一致律	law of logic consilience with history	
01.209	抽象具体一致律	law of abstract consilience with concrete	
01.210	科学技术发展的规律	law of science and technology development	
01.211	科学技术发展的加速度规律	acceleration law of the development of science and technology	
01.212	科学技术发展的重心规律	focus development law of science and technology	
01.213	科学技术发展的结构转换规律	structural transformation law of the development of science and technology	
01.214	科学与社会实践的矛盾运动规律	law of motion of contradiction between science and social practice	
01.215	科学理论与观察及实验事实的矛盾运动规律	law of motion of contradiction between scientific theory and observation or experimental facts	
01.216	不同科学理论、观点的矛盾运动规律	law of motion of contradiction among various kinds of scientific theories and points of view	
01.217	科学的继承与批判的矛盾运动规律	law of motion of contradiction between succeed and critique of science	
01.218	科学发展的分化	law of contradiction between differ-	

序　码	汉　文　名	英　文　名	注　　释
	与综合的矛盾运动规律	entiation and synthesis in scientific development	
01.219	科学、技术、经济、社会的协调发展规律	law of coordinate development of science, technology, economy and society	
01.220	范畴论	category theory	
01.221	思维形式	form of thinking	
01.222	概念	concept	
01.223	判断	judgement	
01.224	推理	inference; reasoning	
01.225	范畴	category	
01.226	范畴体系	system of category	
01.227	存在和思维	being and thinking	
01.228	物质和意识	matter and consciousness	
01.229	实物和场	substance and field	
01.230	力和功	force and work	
01.231	宗教裁判所	the Inquisition	
01.232	宗教神学自然观	religions views of nature	
01.233	一元论	monism	
01.234	二元论	dualism	
01.235	多元论	pluralism	
01.236	唯物主义	materialism	又称“唯物论”。
01.237	朴素唯物主义	native materialism	
01.238	机械唯物主义	mechanical materialism	
01.239	辩证唯物主义	dialectical materialism	
01.240	实践唯物主义	practical materialism	
01.241	唯心主义	idealism	又称“唯心论”。
01.242	主观唯心主义	subjective idealism	
01.243	客观唯心主义	objective idealism	
01.244	反映论	theory of reflection	
01.245	先验论	apriorism	
01.246	不可知论	agnosticism	
01.247	怀疑论	scepticism	
01.248	理性主义	rationalism	
01.249	非理性主义	non-rationalism	
01.250	李约瑟难题	Needham's problems	
01.251	阴阳说	theory of the Yin and Yang	

序　码	汉 文 名	英 文 名	注　　释
01.252	五行说	theory of the Five Elements	
01.253	八卦说	theory of the Eight Trigrams	
01.254	元气说	theory of primordial emanative material force	
01.255	太极说	theory of the Supreme Ultimate	
01.256	天人关系说	theory of relation between heaven and mankind	
01.257	天人合一	harmony of man with nature; unity of heaven and mankind	
01.258	天人相分	distinguish mankind from heaven	
01.259	天人相胜	heaven and mankind alternatively overtake each other	
01.260	人定胜天	human being must conquer nature	
01.261	天人感应	interaction between heaven and mankind	
01.262	格物致知	to obtain knowledge by investigation of things	
01.263	天演论	cosmogony; theory of evolution	
01.264	科学与玄学论战	the argumentation between science and metaphysics	
01.265	实事求是	to seek truth from facts	
01.266	百花齐放,百家争鸣	letting a hundred flowers blossom and a hundred schools of thought contend	
01.267	毛粒子	Mao-particle	
01.268	层子模型	model of straton	
01.269	积木式机床	machine tool of building block type	
01.270	科学技术是第一生产力	science and technology are primary productive force	
01.271	尊重知识,尊重人才	respect knowledge, respect talent	
01.272	原子论	atomism	
01.273	四因说	doctrine of four causes	
01.274	原子偏斜说	theory of atom slanting	
01.275	经验论	empiricism	
01.276	归纳法	inductive method	
01.277	唯理论	rationalism	

序　码	汉 文 名	英 文 名	注　　释
01.278	机械论	mechanism	
01.279	天体进化论	evolution of celestial bodies	
01.280	潮汐假说	tidal hypothesis	
01.281	地质进化论	theory of geo-evolution	
01.282	生物进化论	theory of bio-evolution	
01.283	新达尔文主义	neo-Darwinism	
01.284	非达尔文主义	non-Darwinism	
01.285	细胞学说	cell theory	
01.286	人口决定论	determinism of population	
01.287	马尔萨斯主义	Malthusism	
01.288	宇宙热寂说	theory of heat death	
01.289	庸俗唯物论	vulgar materialism	
01.290	新康德主义	neo-Kantism	
01.291	物理学唯心主义	idealism in physics	
01.292	马赫主义	Machism	
01.293	经验批判主义	empirio-criticism	
01.294	唯能论	energetism	
01.295	象形符号论	theory of pictographic symbols	
01.296	泰勒制	F. W. Taylor's system	
01.297	机械论派	school of mechanism	
01.298	辩证论派	school of dialectism	
01.299	德波林学派	Debolin School	
01.300	无产阶级文化派	proletarian-cultural school	
01.301	反世界主义	anti-cosmopolitanism	
01.302	取消主义	liquidationism	
01.303	代替论	theory that philosophy may replace science	
01.304	米丘林学派	Michurin School	
01.305	摩尔根学派	Morganian School	
01.306	李森科主义	the doctrine of Lysenko	
01.307	格森事件	Geson's incident	
01.308	三阶段论	The Three Stages; theory of three stages of history on investigation of nature	
01.309	坂田模型	Sakata model	
01.310	西方马克思主义	Western Marxism	
01.311	法兰克福学派	Frankfort School	

序　码	汉　文　名	英　文　名	注　　释
01.312	第三次浪潮	the third wave	
01.313	科学主义	scientism	
01.314	科学技术决定论	science and technology determinism	
01.315	科学技术乐观主义	optimism on science and technology	
01.316	反科学主义	anti-scientism	
01.317	科学技术悲观主义	pessimism on science and technology	

02. 自然哲学

序　码	汉　文　名	英　文　名	注　　释

02.01 自然哲学总论

02.001	自然哲学	philosophy of nature	
02.002	中国自然哲学	Chinese philosophy of nature	
02.003	西方自然哲学	Western philosophy of nature	
02.004	东方自然哲学	Eastern philosophy of nature	
02.005	印度自然哲学	Indian philosophy of nature	
02.006	现代自然哲学	modern philosophy of nature	
02.007	自然观	view of nature	
02.008	有机自然观	organic view of nature	
02.009	神学自然观	theological view of nature	
02.010	科学自然观	scientific view of nature	
02.011	机械自然观	mechanical view of nature	
02.012	辩证自然观	dialectic view of nature	
02.013	形而上学自然观	metaphysical view of nature	
02.014	系统自然观	systematic view of nature	
02.015	过程自然观	process view of nature	
02.016	人本主义自然观	humanistic view of nature	
02.017	目的论自然观	teleological view of nature	
02.018	整体论自然观	holist view of nature	
02.019	还原论自然观	reductionist view of nature	
02.020	自然	nature	
02.021	盖娅	Gaia	
02.022	人性	human nature	
02.023	人化自然	humanized nature	

序码	汉文名	英文名	注释
02.024	诗化自然	poetic nature	
02.025	人工自然	artificial nature	
02.026	人造自然	manufactured nature	
02.027	自然物	natural substance	
02.028	自然界	natural world	
02.029	自然的统一性	unity of nature	
02.030	自然的数学化	mathematicalization of nature	
02.031	自然的本体化	ontologicalization of nature	
02.032	自然图景	picture of nature	
02.033	世界图景	picture of world	
02.034	力学世界图景	mechanical picture of world	
02.035	电磁世界图景	electromagnetical picture of world	
02.036	外部世界	external world	
02.037	客观实在	objective reality	
02.038	宇宙论	cosmology；universal theory	
02.039	人类中心论	anthropocentricism	
02.040	人择原理	anthropic principle	
02.041	地外文明	extraterrestrial civilization	
02.042	宇宙大爆炸	big-bang of universe	
02.043	膨胀宇宙	expanding universe	
02.044	物质结构	structure of matter	
02.045	质量	mass	
02.046	能量	energy；amount of energy	
02.047	质能转化	transformation of mass-energy	
02.048	场	field	
02.049	各向同性	isotropy	
02.050	各向异性	anisotropy	
02.051	物质微粒	particles of matter	
02.052	波	wave	
02.053	物质波	matter wave	
02.054	科学实在论	scientific realism	
02.055	逻辑实在论	logical realism	
02.056	外部实在论	external realism	
02.057	内在实在论	internal realism	
02.058	形而上学实在论	metaphysical realism	
02.059	自然主义实在论	naturalist realism	
02.060	进化实在论	evolutionary realism	

序　码	汉 文 名	英 文 名	注　　释
02.061	批判实在论	critical realism	
02.062	建构实在论	constructive realism	
02.063	意向实在论	intentional realism	
02.064	新实在论	neo-realism	
02.065	关系实在论	relational realism	
02.066	关于理论的实在论	realism about theories	
02.067	实在论的“没有奇迹”论据	“no miracles” argument for realism	
02.068	实在论的方法论论据	methodological argument for realism	
02.069	实在论的科学成功论据	success of science argument for realism	
02.070	实在论的实验论证	experimental argument for realism	
02.071	实在	reality	
02.072	所与	given	
02.073	实体	entity	
02.074	抽象实体	abstract entity	
02.075	理论实体	theoretical entity	
02.076	实在的本质	real essence	
02.077	实在价值主张	real-value claims	
02.078	非实在论	non-realism	
02.079	反实在论	anti-realism	
02.080	知识论	theory of knowledge	
02.081	知识的基础	foundation of knowledge	
02.082	知识的确定性	certainty of knowledge	
02.083	旁观者知识论	spectator theory of knowledge	
02.084	认识论	epistemology	
02.085	科学认识论	scientific epistemology	
02.086	认识关联	epistemic correlation	
02.087	认识相对性	epistemic relativity	
02.088	认识整体论	epistemological holism	
02.089	进化认识论	evolutionary epistemology	
02.090	规范认识论	normative epistemology	
02.091	种族中心主义	ethnocentrism	
02.092	方法论的唯我论	methodological solipsism	

序　码	汉 文 名	英 文 名	注　　释
02.093	方法论的个体论	methodological individualism	
02.094	个体化	individuation	
02.095	方法论规范	methodological norm	
02.096	经验	experience	
02.097	经验适当性	empirical adequacy	
02.098	经验内容	empirical content	
02.099	经验等价性	empirical equivalence	
02.100	经验意义	empirical meaning	
02.101	经验命题	empirical proposition	
02.102	经验真理	empirical truth	
02.103	经验论的科学哲学	empiricist philosophy of science	
02.104	实证论的科学哲学	positivist philosophy of science	
02.105	建构经验论	constructive empiricism	
02.106	实证论	positivism	
02.107	马赫实证论	Machean positivism	
02.108	感觉论	sensationalism	
02.109	思维经济	economy of thought	
02.110	逻辑实证论	logical positivism	
02.111	逻辑经验论	logical empiricism	
02.112	维也纳学派	Vienna Circle	
02.113	石里克小组	Schlick Circle	
02.114	马赫学会	Verem Ernst Mach Society; Machean Society	
02.115	柏林学派	Berlin School	
02.116	华沙学派	Warsaw School	
02.117	逻辑哲学论	Tractatus Logico-Philosophicus	
02.118	图像理论	picture theory	
02.119	公认观点	received view	
02.120	反形而上学	anti-metaphysics	
02.121	取消形而上学	elimination of metaphysics	
02.122	科学哲学的语言学转向	linguistic turn of philosophicus	

02.02　中国自然哲学史

02.123	道	Tao; Dao	

序码	汉文名	英文名	注释
02.124	无	nonbeing	
02.125	有	being	
02.126	常有	constant something	
02.127	常无	constant nothing	
02.128	天	Heaven	
02.129	天道	Heaven Tao	
02.130	天命	God's will; destiny; fate	
02.131	天志	God's will; God was master of all things, it had willingness and personality	
02.132	天道自然	the nature of Heaven Tao	
02.133	天道无为	calm and content himself of Heaven Tao	
02.134	自然无为	calm and content himself of nature	
02.135	太极	Tai Ji; quintessence of universe; Supreme Ultimate	
02.136	无极	Wu Ji; original noumenon	
02.137	大一	Da Yi; infinite great	
02.138	太一	Tai Yi; "Tai" means supreme, "Yi" means absolute one	
02.139	太虚	Tai Xu; great void	
02.140	太和	Tai He; supreme peace and harmony of universe	
02.141	小一	Xiao Yi; infinite small	
02.142	万物	all things	
02.143	两仪	Liang Yi; Yin and Yang; heaven and earth	
02.144	四象	Si Xiang; having a lot of meanings, it means four seasons; four elements—metal, wood, fire and water; Tai Yin, Tai Yang, Shao Yang, etc.	
02.145	八卦	the Eight Trigrams	
02.146	阴阳	Yin and Yang	
02.147	五行	Wu Xing; the Five Elements—metal, wood, water, fire, earth	
02.148	气	Qi; a kind of substance of forming	

序码	汉文名	英文名	注释
		universe	
02.149	元气	Yuan Qi; the most primitive substance of forming universe	
02.150	精气	Jing Qi; a kind of spirit Qi	
02.151	理	Li; law; orderliness; criterion	
02.152	性	Xing; character; inherent quality of things	
02.153	相	Xiang; looks; phase; image	
02.154	自生	being-in-itself	
02.155	势	Shi; power; force; situation	
02.156	式	Shi; form; shape; opposite to Neng	
02.157	能	Neng; the basic materials of forming things; subject of cognition	
02.158	易	Yi; change	
02.159	格物	Ge Wu; study physical nature; study the world	
02.160	一分为二	one divides into two	
02.161	合二为一	two is made one	
02.162	行而上	Xing Er Shang; the things that haven't be formed	
02.163	无中生有	fabricate out of thin air; create out of nothing	
02.164	至大无外	without great any more	
02.165	至小无内	without small any more	
02.166	端	Duan; end; tip	
02.167	独化论	theory of "Du Hua"; "Du Hua" means that things change without force	
02.168	崇有论	theory of Chong You; all things come from being	
02.169	齐物	Qi Wu; things change continuously, so there is no nature distinguish among them	
02.170	齐物我	Qi Wu Wo; "I" exist simultaneously with heaven and earth, all things unite with me	
02.171	太玄	Tai Xuan; nature of things comes	

序码	汉文名	英文名	注释
		from "Xuan"	
02.172	虚霩	Xu Guo; the void before the universe occurred	
02.173	和实生物	He Shi Sheng Wu; two kinds of substance synthesis into another	
02.174	体用论	theory of "Ti" and "Yong"; "Ti" means character, "Yong" means function	
02.175	气化	Qi Hua; the process that Qi of Yin and Yang interacts each other to form all things	
02.176	气化流行	Qi Hua Liu Xing; Qi of Yin and Qi of Yang change continuously with five elements (Wu Xing)	
02.177	参两	Can Liang; "Can" means unity of opposites, "Liang" means contrariety and the interaction of both sides of contradiction	
02.178	实有	Shi You; substance; objective reality in matter world	
02.179	以太说	theory of ether	
02.180	物竞天择	survival of the fittest; natural selection	
02.181	宣夜说	theory of expounding appearance in the night sky; infinite empty space cosmology	
02.182	浑天说	theory of sphere-heavens; a universe theory in Chinese ancient times	
02.183	盖天说	theory of canopy-heavens; heavenly cover cosmology; a universe theory in Chinese ancient times	
02.184	梵	Brahman	
02.185	不二论	Advaita vada	
02.186	元素论	theory of elements	
02.187	原质	pradhana	
02.188	自性	prakrti	

序码	汉文名	英文名	注释
02.189	胜论	Vaisesika	
02.190	五细微元素	the five tiny elements (color, sound, fragrant, taste, touch)	
02.191	数论	Samkhya	

02.03 西方自然哲学史

序码	汉文名	英文名	注释
02.192	工艺	techne	
02.193	前苏格拉底自然哲学家	presocratic natural philosopher	
02.194	米利都学派	Milesian School	
02.195	本原	arche	
02.196	阿派朗	apeiron	
02.197	嘘气	breathe out slowly	
02.198	毕达哥拉斯学派	Pythagorean School	
02.199	数本说	theory of number as arche	
02.200	逻各斯	logos	
02.201	爱利亚学派	Eleatic School	
02.202	芝诺悖论	Zeno's paradoxes	
02.203	四根	four roots	
02.204	爱与争	love and hate	
02.205	种子	seed	
02.206	原子论者	atomists	
02.207	原子	atom	
02.208	虚空	void	
02.209	处所	place	
02.210	蒂迈欧篇	Timaeus	
02.211	理念	idea	
02.212	形式	form	
02.213	分有	participation	
02.214	模仿	imitation	
02.215	接受者	receptacle	
02.216	物理学	physica	
02.217	质料因	material cause	
02.218	形式因	formal cause	
02.219	动力因	effect cause	
02.220	目的因	final cause	
02.221	潜能	potentiality	

序　码	汉　文　名	英　文　名	注　　释
02.222	现实	actuality	
02.223	天然运动	natural motion	
02.224	天然位置	natural place	
02.225	斯多葛学派	Stoics	
02.226	新柏拉图学派	neoplatonic school	
02.227	流射	emanation	
02.228	普纽玛	pneuma	
02.229	自然的区分	Division of Nature	
02.230	创造自然的自然	natura naturans	
02.231	被自然创造的自然	natura naturata	
02.232	上帝存在的证明	proofs of God's existence	
02.233	运动证明	proof from motion	
02.234	动力因证明	proof from efficient cause	
02.235	必然性与可能性证明	proof from necessity and possibility	
02.236	完美程度证明	proof from the degrees of perfection	
02.237	宇宙秩序证明	proof from the order of the universe	
02.238	造物	created being	
02.239	神创	divine creation	
02.240	占星术	astrology	
02.241	自然巫术	natural magic	
02.242	数秘术	numberology	
02.243	大宇宙	macrocosm	
02.244	小宇宙	microcosm	
02.245	泛灵论	animism	
02.246	泛神论	pantheism	
02.247	物活论	hylozoism	
02.248	天球	celestial sphere	
02.249	微粒哲学	corpuscular philosophy	
02.250	身体	body	
02.251	心灵	mind	
02.252	心物二元论	dualism of mind and matter	
02.253	第一性的质	primary quality	
02.254	第二性的质	secondary quality	
02.255	广延	extension	
02.256	单子论	monadology	

序码	汉文名	英文名	注释
02.257	前定和谐	pre-established harmony	
02.258	连续律	law of continuity	
02.259	星云假说	nebular hypothesis	
02.260	二律背反	antinomies	
02.261	德国自然哲学	Naturphilosophie(德)	
02.262	自然神论	natural theology	
02.263	极性原理	principle of polarity	
02.264	绝对	absolute	
02.265	辩证过程	dialectic process	
02.266	自身的外在	outside itself	
02.267	生命冲动	elan vital	
02.268	绵延	duration	
02.269	直觉	intuition	
02.270	不可还原性	irreducibility	
02.271	静的	static	
02.272	动的	dynamic	
02.273	开放的未来	open future	
02.274	突现进化	emergent evolution	
02.275	具体性误置之谬	fallacy of misplaced concreteness	
02.276	简单定位	simple location	
02.277	空虚实有	empty entities	
02.278	现实实有	actual entities	
02.279	现实事态	actual occasion	
02.280	自然的两岔	the bifurcation of nature	
02.281	事件	event	
02.282	物	thing	
02.283	永恒客体	eternal objects	
02.284	整合	integration	
02.285	从存在到生成	from being to becoming	
02.286	混沌生序	order out of chaos	

03. 科学哲学

序码	汉文名	英文名	注释
		03.01 科学哲学总论	
03.001	科学哲学	philosophy of science	

序　码	汉 文 名	英　文　名	注　　释
03.002	科学论	theory of science	
03.003	科学基础论	foundation of science	
03.004	前科学	prescience	
03.005	元科学	meta-science	
03.006	形式科学	formal science	
03.007	经验科学	empirical science	
03.008	科学的目标	aim of science	
03.009	科学的形象	image of science	
03.010	科学的进化	evolution of science	
03.011	科学进步	scientific progress	
03.012	科学进展	scientific advancement	
03.013	科学信念	scientific faith	
03.014	科学变革	scientific change	
03.015	科学争论	scientific controversy	
03.016	科学精神	scientific spirit	
03.017	科学的精神气质	ethos of science	
03.018	科学崇拜	cult of science	
03.019	伪科学	pseudo-science	
03.020	反科学	anti-science	
03.021	迷信	superstition	
03.022	巫术	magic	
03.023	元哲学	metaphilosophy	
03.024	先天	a priori	又称“先验”。
03.025	后天	a posteriori	又称“后验”。
03.026	先天综合判断	synthetic judgement a priori	
03.027	绝对的价值判断	categorical judgement of value	
03.028	哲学原子论	philosophical atomism	
03.029	现象论	phenomenalism	
03.030	唯我论	solipsism	
03.031	本体论	ontology	
03.032	本体论矛盾心理	ontological ambivalence	
03.033	本体论承诺	ontological commitment	
03.034	科学唯物论	scientific materialism	
03.035	排除型唯物论	eliminative materialism	
03.036	机械论哲学	mechanical philosophy	
03.037	概念论	conceptualism	
03.038	唯名论	nominalism	

序码	汉文名	英文名	注释
03.039	名的本质	nominal essence	
03.040	指称	nominatum	
03.041	客观主义	objectivism	
03.042	客体	object	又称“对象”。
03.043	客观性	objectivity	
03.044	主观主义	subjectivism	
03.045	主体	subject	
03.046	主观性	subjectivity	
03.047	实在论	realism	
03.048	素朴实在论	naive realism	
03.049	经验实在论	empirical realism	
03.050	现象实在论	phenomenal realism	
03.051	共振	resonance	
03.052	暗物质	dark matter	
03.053	黑洞	black hole	
03.054	夸克禁闭	quark confinement	
03.055	运动	motion	
03.056	绝对运动	absolute motion	
03.057	相对运动	relative motion	
03.058	运动形式	forms of motion	
03.059	真空	vacuum	
03.060	绝对空间	absolute space	
03.061	相对空间	relative space	
03.062	绝对时间	absolute time	
03.063	相对时间	relative time	
03.064	时空	spacetime	
03.065	四维时空	four dimensional spacetime	
03.066	时空流形	spacetime manifolds	
03.067	引力几何化	geometricalization of gravity	
03.068	时间的空间化	spatilization of time	
03.069	时间之矢	arrow of time	
03.070	拉普拉斯妖	Laplace's demon	
03.071	麦克斯韦妖	Maxwell demon	
03.072	耗散结构	dissipative structure	
03.073	分形	fractal	
03.074	分维	fractional dimension	
03.075	生命等级	living hierachy	

序　码	汉 文 名	英 文 名	注　释
03.076	存在之链	chain of being	
03.077	生物多样性	biological diversity; biodiversity	
03.078	自然史	natural history	
03.079	自然选择	natural selection	
03.080	基因	gene	
03.081	有机整体	organized whole	
03.082	系综	ensemble	
03.083	结构	structure	
03.084	层次	level	
03.085	元素	element	
03.086	要素	crucial component	
03.087	有限	finite	
03.088	无限	infinite	
03.089	有序	order	
03.090	无序	disorder	
03.091	因果性	causality	
03.092	必然性	necessity	
03.093	偶然性	chance	
03.094	可分离性	separability	
03.095	不可分离性	inseparability	
03.096	可分性	divisibility	
03.097	不可分性	indivisibility	
03.098	可逆性	reversibility	
03.099	不可逆性	irreversibility	
03.100	连续	continuity	
03.101	间断	discontinuity	
03.102	对称性	symmetry	
03.103	不对称性	asymmetry	
03.104	对称破缺	symmetry of breaking	
03.105	隐变量	hidden variable	
03.106	定域性	locality	
03.107	非定域性	nonlocality	
03.108	隐序	implicit order	
03.109	显序	explicit order	
03.110	随机性	randomness	
03.111	分析哲学	analytical philosophy	
03.112	语言	language	

序　码	汉　文　名	英　文　名	注　　释
03.113	元语言	meta-language	
03.114	私人语言	private language	
03.115	思想的语言	language of thought	
03.116	语言游戏	language game	
03.117	语言学分析	linguistic analysis	
03.118	语言学约定	linguistic convention	
03.119	意义标准	criterion of meaning; criterion of significance	
03.120	认知意义	cognitive meaning	
03.121	证实原理	principle of verification	
03.122	证实主义	verificationism	
03.123	可证实性	verifiability	
03.124	强可证实性	strong verifiability	
03.125	弱可证实性	weak verifiability	
03.126	体验和知识的区分	difference between acquaintance and knowing	
03.127	确证	affirmation	
03.128	显定义	explicit definition	
03.129	隐定义	implicit definition	
03.130	操作定义	operational definition	
03.131	实指定义	ostensive definition	
03.132	部分定义	partial definition	
03.133	科学世界观	scientific conception of the world	
03.134	统一[的]科学	unified science	
03.135	统一科学百科全书	encyclopedia of unified science	
03.136	逻辑经验论的百科全书主义	encyclopedism of logical empiricism	
03.137	物理主义	physicalism	
03.138	物理主义语言	physicalism language	
03.139	物理的物的语言	physical thing language	
03.140	经验论教条	dogmas of empiricism	
03.141	还原论	reductionism	又称“简化论”。
03.142	还原	reduction	
03.143	还原句	reduction sentence	又称“还原陈述(reduction statement)”。
03.144	还原层次	reduction levels	

序码	汉文名	英文名	注释
03.145	微观还原	micro-reduction	
03.146	谓词还原论	predicate reductionism	
03.147	反还原论	anti-reductionism	
03.148	分析-综合区分	analytic-synthetic distinction	
03.149	分析性	analyticity	
03.150	分析句	analytical sentence	又称"分析命题(analytical porposition)","分析陈述(analytical statement)"。
03.151	分析问题解决	analytical problem solving	
03.152	重言式	tautology	
03.153	综合	synthesis	
03.154	综合句	synthetic sentence	又称"综合命题(synthetic proposition)","综合陈述(synthetic statement)"。
03.155	观察-理论区分	observational-theoretical distinction	
03.156	观察	observation	
03.157	观察术语	observational terms	
03.158	可观察性	observability	
03.159	观察句	observation sentence	
03.160	记录句	protocol sentence	又称"记录命题(protocol proposition)","记录陈述(protocol statement)"。
03.161	言语记录句	verbal protocol	
03.162	数据的不可更改性	incorrigibility of data	
03.163	事实-价值区分	fact-value distinction	
03.164	科学的价值中性	value neutrality of science	
03.165	不受价值影响	value free	
03.166	基础主义	fundamentalism	
03.167	反基础主义	anti-fundamentalism	
03.168	自然律	law of nature	
03.169	自然的现象律	phenomenological law of nature	
03.170	拟定律性	lawlikeness	
03.171	定律的范围	scope of a law	

序码	汉文名	英文名	注释
03.172	理论	theory	
03.173	科学理论的结构	structure of scientific theory	
03.174	理论语言	theoretical language	
03.175	理论句	theoretical sentence	
03.176	理论术语	theoretical term	
03.177	理论评价	theoretical evaluation	
03.178	理论评估	theoretical appraisal	
03.179	理论改进	theoretical improvement	
03.180	理论选择	theory choice	
03.181	理论的接受	acceptance of a theory	
03.182	理论接受的非实验标准	non-experimental standards of theory acceptance	
03.183	理论的拒斥	rejection of a theory	
03.184	理论的范围	scope of a theory	
03.185	理论间关系	intertheoretic relation	
03.186	理论相依性	theory-dependence	
03.187	理论的不完备性	incompleteness of theories	
03.188	理论还原论	theory reductionism	
03.189	理论间还原	intertheoretic reduction	
03.190	准理论性	theory likeliness	
03.191	理论从观察的不可演绎性	nondeductivity of theory from observation	
03.192	理论价值区分	theory-value distinction	
03.193	假说	hypothesis	
03.194	检验	test	
03.195	可检验性	testability	
03.196	认证	confirmation	又称“确认”。
03.197	可认证性	confirmability	又称“可确认性”。
03.198	否证	disconfirm	
03.199	证据	evidence	
03.200	直接和间接证据	direct and indirect evidence	
03.201	真理	truth	
03.202	真理要求	truth claim	
03.203	真理内容	truth content	
03.204	真理函项	truth-function	
03.205	真值	truth value	
03.206	真值表	truth table	

序码	汉文名	英文名	注释
03.207	必然真理	necessary truth	
03.208	近似真理	approximate truth	
03.209	真理的贯融论	coherence theory of truth	
03.210	贯融主义	coherentism	
03.211	真理的符合论	correspondence theory of truth	
03.212	塔尔斯基的真理论	Tarski's theory of truth	
03.213	休谟的因果性分析	Humean analysis of causality	
03.214	因果链	casual chain	
03.215	因果联系	causal connection	
03.216	因果相干性	causal relevance	
03.217	冗余因果性	redundant causality	
03.218	指称的因果理论	causal theory of reference	
03.219	指称	reference	
03.220	自指称性	self-referentiality	
03.221	指称的宽容原理	charity principle of reference; tolerance principle of reference	
03.222	指称的不确定性	indeterminacy of reference	
03.223	作为认识进路的指称	reference as epistemic access	
03.224	基本命题	basic proposition	
03.225	单称陈述	singular statement	
03.226	全称命题	universal proposition	
03.227	统计概率陈述	statistical probability statement	
03.228	命题态度	proposition attitude	
03.229	命题函项	proposition function	
03.230	摹状	description	又称"描述"。
03.231	摹状陈述	descriptive statement	
03.232	非形式描述	informal description	
03.233	素质	disposition	
03.234	素质术语	disposition term	
03.235	科学推理	scientific reasoning	
03.236	推论	inference; deduction	
03.237	理由	reason	
03.238	理由的内在化	internalization of reason	
03.239	类比推理	analogical reasoning	

序　码	汉　文　名	英　文　名	注　　释
03.240	否定后件推理	modus tollens	
03.241	达到最佳说明的推论	inference to the best explanation	
03.242	反溯推理	retroactive reasoning	
03.243	推理的理解模式	understanding modes of reasoning	
03.244	反事实条件句	counterfactual conditionals	
03.245	假设条件句	subjunctive conditionals	
03.246	主体条件句	subjective conditionals	
03.247	论证模式	argument pattern	
03.248	合式公式	well-formed formulas	
03.249	科学逻辑	scientific logic	
03.250	经典逻辑	classical logic	
03.251	三段论	syllogism	
03.252	形式逻辑	formal logic	
03.253	数理逻辑	mathematical logic	
03.254	时态逻辑	temporal logic	
03.255	模态逻辑	modal logic	
03.256	反问逻辑	erotetic logic	
03.257	直觉主义逻辑	intuitionist logic	
03.258	道义逻辑	deontic logic	
03.259	非经典逻辑	non-classical logic	
03.260	次协调逻辑	para-consistent logic	
03.261	*n* 值逻辑	*n*-value logic	
03.262	量子逻辑	quantum logic	
03.263	不协调逻辑	non-consistent logic	
03.264	相干逻辑	relevance logic	
03.265	超赋值逻辑	supervaluation logic	
03.266	逻辑记号	logical notation	
03.267	逻辑词汇	logical vocabulary	
03.268	逻辑构造	logical construct	
03.269	逻辑概率	logical probability	
03.270	逻辑重建	logical reconstruction	
03.271	逻辑万能	logical omniscience	
03.272	逻辑主义	logicism	
03.273	逻辑原子论	logical atomism	
03.274	演绎	deduction	
03.275	演绎逻辑	deductive logic	

序码	汉文名	英文名	注释
03.276	演绎主义	deductionism	
03.277	自反性	reflexivity	又称"反身性"。
03.278	归纳	induction	
03.279	归纳逻辑	inductive logic	
03.280	休谟问题	Humean problem	
03.281	归纳问题	inductive problem	
03.282	归纳概括	inductive generalization	
03.283	归纳概率	inductive probability	
03.284	归纳辩护	inductive justification	
03.285	消去归纳法	eliminative induction	
03.286	求同差异法	method of agreement-difference	
03.287	归纳主义	inductionism	
03.288	罗素悖论	Russell paradox	
03.289	归纳悖论	inductive paradox	
03.290	直觉悖论	intuitional paradox	
03.291	亨佩尔悖论	Hempel paradox	
03.292	乌鸦悖论	raven paradox	又称"渡鸦悖论"。
03.293	桥定律	bridge laws	又称"桥原理(bridge principles)"。
03.294	古德曼悖论	Goodman paradox	
03.295	绿蓝悖论	glue-green paradox	又称"蓝绿悖论(green-blue paradox)"。
03.296	凯伯格悖论	Kyburg paradox	
03.297	抽彩悖论	lottery paradox	
03.298	反归纳法	counter induction	
03.299	概率	probability	
03.300	经典的概率观	classical conception of probability	
03.301	作为机遇的概率	probability as chance	
03.302	概率的相对频率解释	relative frequency interpretation of probability	
03.303	作为信念度的概率	probability as degree of belief	
03.304	私人概率	personalist probability	
03.305	贝叶斯定理	Bayes theorem	
03.306	贝叶斯主义	Bayesism	
03.307	概率蕴涵	probability implication	
03.308	概率[的]自然	probabilistic law of nature	

序码	汉文名	英文名	注释
	律		
03.309	外展	abduction	
03.310	外展逻辑	abductive logic	
03.311	说明	explanation	
03.312	说明项	explanans	
03.313	被说明项	explanandum	
03.314	说明的一致性	explanatory coherence	
03.315	说明的相干性	explanatory relevance	
03.316	说明的不相干问题	irrelevance problem of explanation	
03.317	说明的前科学模式	prescientific modes of explanation	
03.318	说明的常识观点	commonsense view of explanation	
03.319	说明的覆盖律模型	covering law model of explanation	
03.320	说明的演绎-律则模型	deductive-nomological model of explanation	
03.321	说明的归纳-统计模型	inductive-statistical model of explanation	
03.322	说明的统计-相干模型	statistical-relevance model of explanation	
03.323	结构说明	structural explanation	
03.324	说明的还原论	explanatory reductionism	
03.325	宏观说明	macro-explanation	
03.326	微观说明	micro-explanation	
03.327	概率主义说明	probabilistic explanation	
03.328	阐明	explication	
03.329	阐明项	explicatum	
03.330	被阐明项	explicandum	
03.331	解释	interpretation	又称“诠释”。
03.332	形式系统的解释	interpretation of formalisms	
03.333	部分解释	partial interpretation	
03.334	解释的托辞	pretense for interpretation	
03.335	理论的工具主义解释	instrumentalist interpretation of theories	
03.336	与境	context	
03.337	辩护	justification	

序码	汉文名	英文名	注释
03.338	辩护的与境	context of justification	
03.339	辩护主义	justificationism	
03.340	辩护的等级模型	hierarchical model of justification	
03.341	合理的辩护	rational justification	
03.342	发现的与境	context of discovery	
03.343	合理的证明	rational proof	
03.344	合理性	rationality	
03.345	科学合理性	scientific rationality	
03.346	非理性主义	informal rationality	
03.347	实践理性	practical rationality	
03.348	理性重建	rational reconstruction	
03.349	重建主义	reconstructionism	
03.350	语义学	semantics	
03.351	语义规则	semantic rules	
03.352	语义-句法区分	semantic-syntax distinction	
03.353	句法	syntax	
03.354	关于理论的句法观	syntactic view of theories	
03.355	语义实在论	semantic realism	
03.356	语义的理论观	semantic view of theories	
03.357	语义真理	semantic truth	
03.358	语义分析	semantic analysis	
03.359	歧义性	ambiguity	
03.360	语用学	pragmatics	
03.361	说明的语用理由	pragmatic account of explanation	
03.362	观察的语用理论	pragmatic theory of observation	
03.363	真理的语用理论	pragmatic theory of truth	
03.364	符号学	semiotics	
03.365	累积的科学	cumulative science	
03.366	累积主义	accumulationism	
03.367	相对主义	relativism	
03.368	绝对主义	absolutism	
03.369	预设	presupposition	又称“预假设”。
03.370	预设主义	presuppositionism	
03.371	本质论	essentialism	
03.372	约定论	conventionalism	
03.373	社会约定	social convention	

序　码	汉　文　名	英　文　名	注　　释
03.374	实用主义	pragmatism	
03.375	实验主义	experimentalism	
03.376	操作主义	operationalism	
03.377	工具主义	instrumentalism	
03.378	后经验主义科学哲学	post-empiricist philosophy of science	
03.379	后实证主义科学哲学	post-positivist philosophy of science	
03.380	批判理性主义	critical rationalism	
03.381	科学与伪科学的划界	demarcation between science and pseudo-science	
03.382	证伪	falsification	又称“否证”。
03.383	证伪者	falsifier	
03.384	潜在证伪者	potential falsifier	
03.385	可证伪性	falsifiability	
03.386	素朴证伪主义	naive falsificationism	
03.387	可误论	fallibilism	
03.388	可误性	fallibility	
03.389	验证	corroboration	
03.390	超量验证	excessive corroboration	
03.391	逼真性	verisimilitude	
03.392	超量经验内容	excessive empirical content	
03.393	超量可证伪性	excessive falsifiability	
03.394	猜测	conjecture	
03.395	世界 1,2,3.	world 1,2,3.	
03.396	波普尔-米勒论据	Popper-Miller argument	
03.397	精致的证伪主义	sophisticated falsificationism	
03.398	研究纲领	research programme	
03.399	研究纲领的成分	components of research programme	
03.400	硬核	hard core	
03.401	保护带	protective belt	
03.402	辅助假说	auxiliary hypotheses	
03.403	辅助假设	auxiliary assumptions	
03.404	启发法	heuristic method	
03.405	正面启发法	positive heuristic	
03.406	反面启发法	negative heuristic	

序　码	汉　文　名	英　文　名	注　　释
03.407	背景理论	background theories	
03.408	理论的韧性	tenacity of theories	
03.409	预测	prediction	
03.410	预测力	predictive power	
03.411	进步的研究纲领	progressive research programme	
03.412	退步的研究纲领	degenerating research programme	
03.413	停滞的研究纲领	stagnating research programme	
03.414	科学知识的增长	growth of scientific knowledge	
03.415	整体论	holism	
03.416	渗透了理论的观察	theory-impregnated observation	
03.417	负载理论的观察	theory-laden observation	
03.418	负载理论的数据	theory-laden data	
03.419	理论负载性	theory-ladenness	
03.420	观察的理论负载性	theory-ladenness of observation	
03.421	意义的理论负载性	theory-ladenness of meaning	
03.422	不完全决定	underdetermination	
03.423	不完全决定论	underdeterminism	
03.424	杜恒-诺伊拉特-蒯因命题	Duhem-Neurath-Quine thesis	
03.425	整体性	wholeness	
03.426	证据的污染	evidence contaminated	
03.427	证据的不可区分性	evidential indistinguishability	
03.428	科学哲学的社会-历史转向	socio-historical turn of philosophy of science	
03.429	社会历史学派	socio-historical school	
03.430	历史主义	historism	
03.431	科学共同体	scientific community	
03.432	常规科学	normal science	
03.433	成熟科学	mature science	
03.434	范式	paradigm	
03.435	范例	exemplar	
03.436	学科基质	disciplinary matrix	
03.437	解决疑难	puzzle solving	

序　码	汉　文　名	英　文　名	注　　释
03.438	反常	anomaly	
03.439	科学革命	scientific revolution	
03.440	科学革命的结构	structure of scientific revolution	
03.441	非常规科学	non-normal science	
03.442	不成熟科学	un-mature science	
03.443	新常规科学	new normal science	
03.444	不可通约性	incommensurability	
03.445	语义的不可通约性	semantic incommensurability	
03.446	不可翻译性	untranslationability	
03.447	分类学	taxonomy	
03.448	词典	lexicon	
03.449	库恩损失	Kuhnean loss	
03.450	发现的心理学	psychology of discovery	
03.451	非累积的科学	non-cumulative science	
03.452	无政府主义知识论	anarchistic theory of knowledge	
03.453	方法论无政府主义	methodological anarchism	
03.454	怎么都行	do as one please	又称“各行其是(act willfully)”。
03.455	理论增生	proliferation of theories	
03.456	非理性	irrationality	
03.457	理论多元论	pluralism of theories	
03.458	域	domain	
03.459	信息域	domain of information	
03.460	目标域	target domain	
03.461	研究传统	research tradition	
03.462	形而上学蓝图	metaphysical blueprint	
03.463	实验哲学	philosophy of experiment	
03.464	实验的作用	role of experiment	
03.465	实验的重复	replication of experiment	
03.466	对实验的忽视	neglect of experiment	
03.467	实验的认识论	epistemology of experiment	
03.468	与境主义	contextualism	
03.469	自然主义	naturalism	
03.470	自然类	natural kind	

序　码	汉 文 名	英 文 名	注　　释
03.471	自然化	naturalization	
03.472	自然本体论态度	natural ontological attitude	
03.473	自然认知	natural cognition	
03.474	自然序理想	ideals of natural order	
03.475	规范自然主义	normative naturalism	
03.476	发现的自然主义进路	naturalism approach to discovery	
03.477	自然主义谬误	naturalistic fallacy	
03.478	自然主义的定义观	naturalistic conception of definitions	
03.479	自然主义的指称理论	naturalistic theory of reference	
03.480	复杂的适应自组织调节系统	complex adaptive self-organizing regulatory systems	
03.481	远离平衡态的,耗散的,非线性动力学系统	far-from-equilibrium, dissipative, non-linear dynamic system	
03.482	表象	representation	
03.483	表象主义	representationalism	
03.484	透视主义	perspectivism	
03.485	后库恩的科学哲学	post-Kuhnean philosophy of science	
03.486	后现代主义科学哲学	post-modernism philosophy of science	
03.487	后结构主义	post-structuralism	
03.488	话语	discourse	
03.489	科学中的话语	discourse in science	
03.490	元话语	meta-discourse	
03.491	话语形式	form of discourse	
03.492	叙述	narrative	
03.493	元叙述	meta-narrative	
03.494	隐喻	metaphor	
03.495	解释学	hermeneutics	
03.496	科学的解释学	hermeneutics of science	
03.497	作者-文本-读者关系	author-text-reader relations	
03.498	女性主义	feminist	

序　码	汉 文 名	英 文 名	注　　释
03.499	女性主义科学观	feminist perspective of science	
03.500	社会认识论	social epistemology	
03.501	社会建构论	social constructivism	
03.502	社会进化	social evolution	
03.503	社会协商	social negotiation	
03.504	社会科学哲学	philosophy of social sciences	
03.505	科学伦理学	ethics of science	
03.506	境遇伦理学	situational ethics	
03.507	价值	value	
03.508	价值判断	value judgement	
03.509	价值系统	value system	
03.510	科学的评价	valuation of science	
03.511	科学的评价预设	valuational presupposition of science	
03.512	科学的价值相依性	value dependence of science	
03.513	价值的工具性判断	instrumental judgement of value	
03.514	前价值主张	pre-value claims	
03.515	初始价值主张	primary value claims	

03.02　数 学 哲 学

序　码	汉 文 名	英 文 名	注　　释
03.516	数学哲学	philosophy of mathematics	
03.517	数学基础	foundation of mathematics	
03.518	元数学	metamathematics	
03.519	直觉主义	intuitionism；intuitionalism	
03.520	形式主义	formalism	
03.521	数学柏拉图主义	Platonism in mathematics	
03.522	数学实在论	realism in mathematics	
03.523	数学经验论	empiricism in mathematics	
03.524	数学拟经验论	quasi-empiricism in mathematics	
03.525	数学悖论	mathematical paradox	
03.526	哥德尔不完全性定理	Goedel's incompleteness theorem	
03.527	希尔伯特纲领	Hilbert programme	
03.528	公理化	axiomatization	
03.529	公理主义	axiomatism	

序码	汉文名	英文名	注释
03.530	形式系统	formal system	
03.531	数学模型	mathematical model	
03.532	数学实验	mathematical experiment	
03.533	似真推理	plausible inference	
03.534	数学归纳法	mathematical induction	
03.535	关系映射反演	relationship-mapping-inversion	
03.536	数学猜想	mathematical conjecture	
03.537	数学美	mathematical beauty	

03.03 物理学哲学

序码	汉文名	英文名	注释
03.538	物理学哲学	philosophy of physics	
03.539	物理学基础	foundation of physics	
03.540	物理学危机	crisis in physics	
03.541	物理学革命	physical revolution	
03.542	物理实体	physical entity	
03.543	第一推动	first impulse	
03.544	决定论规律	deterministic law	
03.545	动力学规律	dynamic law	
03.546	统计规律	statistical law	
03.547	非决定论	indeterminism	
03.548	超距作用	action at a distance	
03.549	以太	ether	
03.550	守恒律	conservation law	
03.551	绝对时空概念	concept of absolute space and time	
03.552	时空的相对性	relativity of space and time	
03.553	同时性	simultaneity	
03.554	双生子佯谬	twin paradox	
03.555	奇性	singularity	
03.556	延迟选择实验	delay-selection experiment	
03.557	热质说	caloric theory	
03.558	热的运动说	mechanical theory of heat	
03.559	永动机	perpetual motion machine	
03.560	熵	entropy	
03.561	热寂	heat death	
03.562	近可积系统的KAM定理	KAM theorem for nearly integrable system	
03.563	非线性动力学	nonlinear dynamics	

序　码	汉　文　名	英　文　名	注　　释
03.564	量子力学的哲学诠释	philosophical interpretation of quantum mechanics	
03.565	量子力学的实在论诠释	realist interpretation of quantum mechanics	
03.566	测量问题	measurement problem	
03.567	哥本哈根学派	Copenhagen School	
03.568	量子力学的哥本哈根解释	Copenhagen interpretation of quantum mechanics	
03.569	对应原理	correspondence principle	
03.570	互补性	complementarity	
03.571	不确定原理	uncertainty principle	
03.572	波粒二象性	wave particle duality	
03.573	物质的二象性	duality nature of matter	
03.574	波包并缩	wave packet reduction	
03.575	薛定谔猫	Schroedinger's cat	
03.576	爱因斯坦-玻尔争论	Einstein-Bohr debate	
03.577	EPR 悖论	Einstein-Podolsky-Rosen paradox	
03.578	贝尔不等式	Bell's inequality	
03.579	远距离关联	correlation at a distance	
03.580	隐序	implicate order	
03.581	物理学理论的完备性	completeness of physical theory	
03.582	物理学理论的客观性	objectivity of physical theory	
03.583	物理的可理解性	physical intelligibility	
03.584	Q 性质	Q-properties	
03.585	统一场论	unified field theory	
03.586	四种相互作用的统一	unification of four interactions	
03.587	多世界理论	many-world theory	

03.04　化 学 哲 学

03.588	化学哲学	philosophy of chemistry	
03.589	炼金术	alchemy	
03.590	燃素说	phlogiston theory	
03.591	燃烧的氧化理论	oxidation theory of combustion	

序码	汉文名	英文名	注释
03.592	化学元素周期律	periodic law of chemical elements	
03.593	亲合性	affinity	
03.594	价理论	valence theory	
03.595	化学键理论	theory of chemical bonds	
03.596	化学革命	chemical revolution	
03.597	分子轨道对称守恒原理	principle of symmetrical conservation of molecular orbits	
03.598	自催化和交叉催化反应	self-catalyst and cross-catalyst reaction	
03.599	炼丹术	alchemy; technique of making pill of immortality	
03.600	化学进化	chemical evolution	

03.05 天文学哲学

序码	汉文名	英文名	注释
03.601	天文学哲学	philosophy of astronomy	
03.602	天文学方法	method of astronomy	
03.603	宇宙	universe; cosmos	
03.604	总星系	Metagalaxy	
03.605	宇宙岛	island universe	
03.606	天体层次	levels of celestial universe	
03.607	暴胀宇宙	inflationary universe	
03.608	宇宙和谐	cosmological harmony	
03.609	宇宙学佯谬	cosmological paradox	
03.610	宇宙学原理	cosmological principle	
03.611	大数假设	large number hypothesis	
03.612	宇宙奇点	cosmological singularity	
03.613	平庸原理	principle of mediocrity	
03.614	地心说	geocentic theory	
03.615	日心说	heliocentric theory	

03.06 地学哲学

序码	汉文名	英文名	注释
03.616	地学哲学	philosophy of geoscience	
03.617	地球科学	earth science	
03.618	地球科学体系	system of earth science	
03.619	原始水成论	original neptunism	
03.620	原始火成论	original plutonism	
03.621	天体球形说	celestial body globule hypothesis	
03.622	洪积论	diluvianism	

序　码	汉 文 名	英 文 名	注　释
03.623	地球理论	theory of the earth	
03.624	地幔对流理论	theory of mantle convection	
03.625	板块构造说	plate tectonics theory	
03.626	水成论	neptunism	
03.627	火成论	plutonism	
03.628	灾变论	catastrophism	
03.629	均变论	uniformitarianism	
03.630	大陆漂移说	continental drift theory	
03.631	地质力学	geomechanics	
03.632	多旋回说	theory of polycycle	
03.633	地洼说	diwa theory；geodepression theory	
03.634	波浪状镶嵌构造说	wavy mosaic tectonics；wavy mosaic structure hypothesis	
03.635	断块构造说	fault-block tectonics	
03.636	碰撞运动	collision movement	
03.637	固定论	fixism	
03.638	活动论	mobilism	
03.639	地球膨胀说	expansion hypothesis of the earth	
03.640	地球冷缩说	contraction hypothesis of the earth	
03.641	地壳均衡说	isostasy hypothesis of the earth	
03.642	地球结构	earth structure	
03.643	地球体系	earth system	
03.644	地质作用	geological process	
03.645	矿产勘查哲学	mineral exploration philosophy	又称“找矿哲学”。
03.646	地学思维	thought of geoscience	
03.647	勘查阶梯式发展	exploration knowledge movement	
03.648	景观	landscape	
03.649	地缘政治学	geopolitics	
03.650	人地关系	man-land relationship	
03.651	人文地理	human geography	

03.07　生物学哲学

03.652	生物学哲学	philosophy of biology	
03.653	生命	life	
03.654	生命系统	living system	
03.655	阶序	hierarchy	
03.656	突现论	emergentism	

序　码	汉 文 名	英 文 名	注　　释
03.657	有机论	organism	
03.658	进化	evolution	
03.659	退行进化	regressive evolution	
03.660	直生论	orthogenesis	
03.661	自然发生说	spontaneous generation	
03.662	自生学说	autogenesis	
03.663	泛生论	pangenesis	
03.664	适者生存	survival of the fittest	
03.665	间断平衡论	punctuated equilibria theory	
03.666	生源论	biogenesis	
03.667	先成论	preformation	
03.668	后成论	epigenesis	又称“渐成论”。
03.669	活力论	vitalism	
03.670	生机	entelechy	又称“隐德来希”。
03.671	目的论	teleology	
03.672	目的性	teleonomy	
03.673	机体论	organicism	
03.674	进化论	evolutionary theory	又称“演化论”。
03.675	达尔文主义	Darwinism	
03.676	庸俗进化论	vulgar evolutionism	
03.677	综合进化论	synthetic theory of evolution	
03.678	社会达尔文主义	social Darwinism	
03.679	种质说	germplasm theory	
03.680	突变论	catastrophe theory	
03.681	基因论	theory of the gene	
03.682	基因型	genotype	
03.683	表[现]型	phenotype	
03.684	遗传决定论	cladism	
03.685	物种	species	
03.686	物种不变性	immutability of species	
03.687	社会生物学	social biology	

03.08　心理学哲学

03.688	心理学哲学	philosophy of psychology	
03.689	心灵哲学	philosophy of mind	
03.690	哲学心理学	philosophical psychology	
03.691	思辨心理学	speculative psychology	

序　码	汉 文 名	英 文 名	注　　释
03.692	心理实验	mental experiment	
03.693	心理状态	mental state	
03.694	心理状态的类型同一性理论	type-identity theory of psychological states	
03.695	心理主义	psychologism	
03.696	心理自主性	psychological autonomy	
03.697	心理个人主义	psychological individualism	
03.698	心理语言学	psycholinguistics	
03.699	心理还原论	psychological reductionism	
03.700	心理物理学	psychophysics	
03.701	理性心理学	rational psychology	
03.702	精神论	mentalism	又称"精神主义"。
03.703	自然主义心理学	naturalist psychology	
03.704	联想主义	associationism	
03.705	意动心理学	act psychology	又称"意向心理学"。
03.706	操作心理学	operant psychology	
03.707	结构主义	structuralism	
03.708	机能主义	functionalism	
03.709	行为主义心理学	behavioristic psychology	
03.710	联结主义	connectionism	
03.711	形质说	Gestalt quality theory; Gestalt qualitaet Theorie	又称"格式塔-性质说"。
03.712	格式塔转换	transformation of Gestalt	
03.713	精神分析	psychoanalysis	
03.714	弗洛伊德主义	Freudism	
03.715	存在[主义]心理学	existential psychology	
03.716	社会心理学	social psychology	
03.717	人种心理学	ethno-psychology	又称"民族心理学"。
03.718	意识心理	conscious mind	
03.719	无意识心理	unconscious mind	
03.720	心身问题	mind-body problem	
03.721	努斯	nous	古希腊哲学中指心灵或理性。
03.722	心灵的表象理论	representational theory of mind	
03.723	灵知	gnosis	
03.724	心灵学	parapsychology	

序　码	汉　文　名	英　文　名	注　　释
03.725	知觉交流	perception communication	
03.726	知觉结构	perceptual structure	
03.727	信息加工理论	information processing theory	
03.728	人-机系统	human-machine system	
03.729	认知科学	cognitive science	
03.730	认知主义	cognitivism	
03.731	心灵的计算理论	computational theory of mind	
03.732	模式识别	pattern recognition	
03.733	发生认识论	genetic epistemology	
03.734	人本主义	humanism	
03.735	超个人心理学	transpersonal psychology	
03.736	智力结构	intelligence structure	
03.737	创造力研究	research of creativity	
03.738	产生式思维	productive thinking	
03.739	视觉思维	visual thinking	
03.740	直觉思维	intuition thinking	
03.741	灵感	inspiration	
03.742	顿悟	insight	
03.743	内省	introspection	
03.744	无意象思维	imageless thinking	
03.745	言传知识	explicit knowledge	
03.746	意会知识	tacit knowledge	
03.747	脑研究	brain research	
03.748	右脑革命	right-brain revolution	
03.749	神经哲学	neuro-philosophy	
03.750	神经感动	neurosis	

04. 技术哲学

序　码	汉　文　名	英　文　名	注　　释
		04.01　技术哲学总论	
04.001	技术异化	alienation of technology	
04.002	反技术者	anti-technologist	
04.003	反技术	anti-technology	
04.004	适用技术	appropriate technology	
04.005	技术自主性	autonomy of technology	

序　码	汉 文 名	英 文 名	注　　释
04.006	自主技术论	theory of autonomous technology	
04.007	技术价值论	axiology of technology	
04.008	持存物	Bestand；standing-reserve	
04.009	计算机统治	computerocracy	
04.010	计算机隐喻	computational metaphor	
04.011	技术的背景论	contextualism of technology	
04.012	技术批判理论	critical theory of technology	
04.013	技术的非人道化	dehumanization of technology	
04.014	装置范式	device paradigm	
04.015	展现	revealing	
04.016	技术认识论	epistemology of technology	
04.017	技术进化	evolution of technology	
04.018	第四王国	the Fourth Realm	又称“技术王国(Technological Realm)”。
04.019	弗兰肯斯坦困境	Frankenstein's dilemma	
04.020	座架	Gestell(德)；enframing	
04.021	技术霸权	hegemony of technology	
04.022	挑战	Herausforden(德)；challenging	
04.023	技术的人道化	humanization of technology	
04.024	人道化的技术	humanized technology	
04.025	人文照射	humanist fix	
04.026	工具合理性	instrumental rationality	
04.027	工具理性	instrumental reason	
04.028	工具主义技术论	instrumental theory of technology	
04.029	工具价值	instrumental value	
04.030	技术的工具论	instrumentalism of technology	
04.031	勒德派	Luddites	
04.032	勒德主义	Ludditism；Luddism	
04.033	新勒德主义	neo-Ludditism	
04.034	巨型机器	megamachine	
04.035	技术的形而上学	metaphysics of technology	
04.036	单一技术	monotechnics	
04.037	技术的中立性	neutrality of technology	
04.038	新科学	new science	
04.039	新技术	new technology	
04.040	技术的非中立性	non-neutrality of technology	
04.041	技术本体论	ontology of technology	

序　码	汉 文 名	英 文 名	注　　释
04.042	技术哲学	philosophy of technology	
04.043	综合技术	polytechnics	
04.044	技术权力	power of technology	
04.045	实用主义技术论	pragmatic technology	
04.046	实践学	praxiology	
04.047	亲技术	pro-technology	
04.048	物化	reification	
04.049	科学技术合理性	scientific-technical rationality	
04.050	技术的社会决定论	social determinism of technology	
04.051	温和的技术决定论	soft determinism of technology	
04.052	限定	setting-upon	
04.053	实质主义技术论	substantive theory of technology	
04.054	技术化环境	technical milieu	
04.055	技术主义	technicism	
04.056	技术统治	technocracy	
04.057	技术无政府主义	technological anarchy	
04.058	技术制品	technological artifacts	
04.059	技术变迁	technological change	
04.060	技术文明	technological civilization	
04.061	技术文化	technological culture; technoculture	
04.062	技术决定论	determinism of technology	
04.063	技术梦游症	technological drift	
04.064	技术敌托邦	technological dystopia	
04.065	技术精英	technological elite; technocratic elite	
04.066	技术照射	technological fix	
04.067	技术命令	technological imperative	
04.068	技术知识	technological knowledge	
04.069	技术素养	technological literacy	
04.070	技术隐喻	technological metaphor	
04.071	技术虚无主义	technological nihilism	
04.072	技术乐观主义	technological optimism	
04.073	技术秩序	technological order	
04.074	技术范式	technological paradigm	
04.075	技术悲观主义	technological pessimism	

序 码	汉 文 名	英 文 名	注 释
04.076	技术进步	technological progress	
04.077	技术合理性	technological rationality	
04.078	技术理性	technological reason; technical reason	
04.079	技术革命	technological revolution	
04.080	技术风格	technological style	
04.081	技术系统	technological system	
04.082	技术轨道	technological trajectory	
04.083	技术乌托邦	technological utopia	
04.084	技术价值	technological value	
04.085	技术世界	technological world	
04.086	技术	technology	
04.087	技术评估	technology assessment	
04.088	作为意识形态的技术	technology as ideology	
04.089	技术恐惧症	technophobia	
04.090	技术狂热症	technomania	
04.091	技术化社会	technopolis	
04.092	技术阶层	technostructure	
04.093	技术的价值负载性	value-ladenness of technology	
04.094	技术的价值中立性	value-neutrality of technology	

04.02 工 程 哲 学

04.095	人工制品	artifacts	
04.096	人工智能	artificial intelligence	
04.097	自动化	automation	
04.098	创造工程	creative engineering	
04.099	电气化	electrification	
04.100	工程	engineering	
04.101	工程科学	engineering science	
04.102	工程设计	engineering design	
04.103	工程控制论	engineering cybernetics	
04.104	工程教育	engineering education	
04.105	工程伦理学	engineering ethics	
04.106	工业革命	Industrial Revolution	

序码	汉文名	英文名	注释
04.107	工业化	industrialization	
04.108	工业主义	industrialism	
04.109	工业主义者	industrialist	
04.110	工业心理学	industrial psychology	
04.111	工业管理学	industrial engineering	
04.112	发明	invention	
04.113	创新	innovation	
04.114	诀窍	know-how	
04.115	机械化	mechanization	
04.116	纳米技术	nanotechnology	
04.117	工程哲学	philosophy of engineering	
04.118	风险评估	risk assessment	
04.119	机器人	robot	
04.120	价值工程	value engineering	

04.03 系统科学哲学

序码	汉文名	英文名	注释
04.121	系统	system	
04.122	系统学	systematology	
04.123	系统哲学	philosophy of system	
04.124	系统科学	system science	
04.125	自组织理论	self-organization theory	
04.126	系统的类型	types of systems	
04.127	系统的要素	elements of system	
04.128	系统的结构	structure of system	
04.129	系统的功能	function of system	
04.130	系统的环境	environment of system	
04.131	序	order	
04.132	复杂系统	complex system	
04.133	一般系统论	general system theory	
04.134	耗散结构论	dissipative structure theory	
04.135	协同学	synergetics	
04.136	参量型系统理论	parameter system theory	
04.137	超循环理论	hypercycle theory	
04.138	生命系统理论	life system theory	
04.139	系统动力学	system dynamics	
04.140	灰色系统理论	grey system theory	
04.141	泛系理论	pan-system theory	

序码	汉文名	英文名	注释
04.142	热力学平衡	thermodynamic equilibrium	
04.143	近平衡态	near-equilibrium state	
04.144	远离平衡态	far-from-equilibrium state	
04.145	涨落	fluctuation	
04.146	自组织	self-organization	
04.147	熵流	flow of entropy	
04.148	序参量	order parameter	
04.149	混沌	chaos	
04.150	非线性相互作用	nonlinear interaction	
04.151	分叉	bifurcation	
04.152	定态	steady state	
04.153	暂态	transient state	
04.154	稳定状态	stable state	
04.155	外在随机性	external stochasticity	
04.156	内在随机性	intrinsic stochasticity	
04.157	役使原理	slaving principle	
04.158	熵最小原理	principle of least entropy producing	
04.159	熵增加原理	principle of entropy increasing	
04.160	湍流	turbulence	
04.161	阈值	threshold value	
04.162	吸引子	attractor	
04.163	极限环	limit cycle	
04.164	极限环面	limit torus	
04.165	布鲁塞尔器	Brusselator	
04.166	李雅普诺夫稳定性理论	Lyapunov stability theory	
04.167	贝纳尔对流	Benard convection	
04.168	信息论	information theory	
04.169	信息科学	information science	
04.170	信息量	amount of information	
04.171	信息库	information library	
04.172	控制论	cybernetics；control theory	
04.173	反馈	feedback	
04.174	黑箱	black box	
04.175	灰箱	grey box	
04.176	白箱	white box	
04.177	虚拟现实	virtual reality	

序码	汉文名	英文名	注释
04.178	自动控制理论	automatic control theory	
04.179	网络理论	network theory	
04.180	大系统理论	big system theory	
04.181	图灵机	Turing machine	
04.182	系统工程	system engineering	
04.183	人-机控制系统	man-machine control system	
04.184	模糊系统	fuzzy system	
04.185	系统辩证法	system dialectics	
04.186	信息维数	information dimension	
04.187	非线性科学	nonlinear science	
04.188	李雅普诺夫指数	Lyapunov exponent	
04.189	费根鲍姆常数	Feigenbaum constant	
04.190	BZ 反应	Belousov-Zhabotinsky reaction	
04.191	符号动力学	symbolic dynamics	

04.04 环境科学哲学

序码	汉文名	英文名	注释
04.192	环境科学哲学	philosophy of environmental sciences	
04.193	环境科学	environmental science	
04.194	环境观	view of environment	
04.195	环境意识	environmental consciousness	
04.196	环境质量	environmental quality	
04.197	环境容量	environmental capacity	
04.198	环境评价	environmental assessment	
04.199	环境退化	environmental degradation	
04.200	地球村	Earth Village	
04.201	生物圈	biosphere	
04.202	社会圈	social sphere	
04.203	技术圈	technological sphere	
04.204	智慧圈	noosphere	
04.205	生态哲学	ecophilosophy	
04.206	生态观	ecological view	
04.207	生态方法	ecological method	
04.208	生态序	ecological order	
04.209	生态时间	ecological time	
04.210	生态空间	ecological space	
04.211	生态平衡	ecological equilibrium	

序　码	汉　文　名	英　文　名	注　　释
04.212	生态危机	ecological crisis	
04.213	生态意识	ecological consciousness	
04.214	生态价值	ecological value	
04.215	生态文化	ecological culture	
04.216	生态伦理学	ecological ethics	
04.217	生态神学	ecological theology	
04.218	生态活动家	ecoactivist	
04.219	生态活动	ecoactivity	
04.220	生态思维	ecological thinking	
04.221	生态设计	ecological design	
04.222	生态模拟	ecological simulation	
04.223	生态灭绝	ecocide	
04.224	生态学迷	ecofreak	
04.225	生态灾难	ecocatastrophe	
04.226	生态运动	ecology movement	
04.227	生态系统	ecosystem	
04.228	生态稳定性	ecological stability	
04.229	环境工程	environmental engineering	
04.230	环境危机	environmental crisis	
04.231	环境伦理学	environmental ethics	
04.232	环境政策	environmental policies	
04.233	环境价值	environmental value	
04.234	环境政治学	environ-politics	
04.235	大地伦理学	land ethics	
04.236	对后代的责任	duties to future generation	
04.237	对非人事物的责任	duties toward nonhuman beings	
04.238	求生伦理学	ethics of survival	
04.239	生命之舟伦理学	lifeboat ethics	
04.240	持续增长	sustainable growth	
04.241	增长的极限	limits to growth	

04.05　农业科学哲学

04.242	农业科学哲学	philosophy of agricultural science	
04.243	农业	agriculture	
04.244	农业科学	agricultural science	
04.245	农业技术	agricultural technique	

序　码	汉　文　名	英　文　名	注　　释
04.246	农业推广	agricultural extension	
04.247	农业生物	agricultural living things	
04.248	农业环境	agricultural environment	
04.249	农业系统	agricultural system	
04.250	农业结构	agricultural structure	
04.251	农业工程	agricultural engineering	
04.252	农业资源	agricultural resources	
04.253	农业区划	agricultural regionalization	
04.254	农业再生产	agricultural reproduction	
04.255	农业起源	origin of agriculture	
04.256	原始农业	primitive agriculture	
04.257	传统农业	traditional agriculture	
04.258	近现代农业	modern agriculture	
04.259	灌溉农业	irrigating farming	
04.260	旱地农业	dry farming	
04.261	有机农业	organic agriculture	
04.262	生物农业	biological agriculture	
04.263	生态农业	ecological agriculture	
04.264	持续农业	sustainable agriculture	
04.265	石油农业	petroleum agriculture	
04.266	农业生态系统	agriculture ecosystem	
04.267	农业现代化	agricultural modernization	
04.268	农业工厂化	industrialized production in agricul- ture	
04.269	绿色革命	green revolution	
04.270	蓝色革命	blue revolution	
04.271	土地报酬递减律	law of diminishing return of land	
04.272	营养元素归还说	theory of nutritional element return	
04.273	最小养分律	law of minimum nourishment	
04.274	设施园艺	horticulture under structure	
04.275	农业环境保护	protection of agricultural environ- ment	
04.276	立体农业	solid agriculture	
04.277	农业遥感	remote sensing in agriculture	
04.278	生态村	ecological village	
04.279	动物科学技术	animal science and technology	
04.280	动物医学	animal medicine	

序码	汉文名	英文名	注释
04.281	核农学	nuclear agriculture	
04.282	覆盖栽培	mulching cropping	
04.283	杂种优势	heterosis	
04.284	多熟种植	multiple cropping	
04.285	免耕法	no-tillage system	
04.286	人工种子	artificial seed	
04.287	农业综合防治	integrated pest control in agriculture	
04.288	植物微生态	plant microecology	
04.289	理想株型	optimum plant type	
04.290	植物营养诊断	diagnosis of plant nutrition	
04.291	土壤微形态学	soil micromorphology	
04.292	植物微繁殖技术	microreproduction technology	
04.293	植物抗性	plant resistance to environment stress	
04.294	土壤生物	soil organisms	
04.295	配方施肥	formula fertilizer	
04.296	配合饲料	formula feed	
04.297	海洋农牧场	ocean farming and animal husbandry	
04.298	家畜胚胎移植	animal embryo transfer	

04.06 医学哲学

序码	汉文名	英文名	注释
04.299	医学	medicine	
04.300	医学哲学	philosophy of medicine	
04.301	医学模式	model of medicine	
04.302	生物医学模式	biomedical model	
04.303	生物-心理-社会医学模式	bio-psycho-social medical model	
04.304	医学目的	goals of medicine	
04.305	人体观	view of human body	
04.306	健康	health	
04.307	疾病	disease	
04.308	稳态	homeostasis	
04.309	人的生命	human life	
04.310	人的死亡	death of person	
04.311	裂脑人	split-brain person	

序码	汉文名	英文名	注释
04.312	临床思维	clinical thinking	
04.313	中医哲学	philosophy of Chinese medicine	
04.314	理论医学	theoretical medicine	
04.315	心身医学	psychosomatic medicine	
04.316	医学逻辑学	medical logic	
04.317	医学社会学	medical sociology	
04.318	医学心理学	medical psychology	
04.319	整体医学	holistic medicine	
04.320	巫医	magic medicine	
04.321	生命伦理学	bioethics	
04.322	医学伦理学	medical ethics	
04.323	医德学	theory of medical morality	
04.324	有利原则	principle of beneficence	
04.325	尊重原则	principle of respect	
04.326	公正原则	principle of justice	
04.327	互助原则	principle of solidarity	
04.328	不伤害	nonmaleficence	
04.329	医患关系	physician-patient relationship	
04.330	病人权利	patients rights	
04.331	双重效应	double effect	
04.332	医学家长主义	medical paternalism	
04.333	知情同意	informed consent	
04.334	病人自主权	patient autonomy	
04.335	伦理难题	ethical dilemma	
04.336	生殖伦理学	reproductive ethics	
04.337	生物学父母	biological parenthood	
04.338	社会父母	social parenthood	
04.339	胎儿本体论	fetus ontology	
04.340	遗传伦理学	genetic ethics	
04.341	优生学	eugenics	
04.342	优生运动	eugenic movement	
04.343	新生儿伦理学	neonatal ethics	
04.344	生命质量	quality of life	
04.345	生命神圣性	sanctity of life	
04.346	死亡伦理学	death ethics	
04.347	脑死亡	brain death	
04.348	死亡权利	right to die	

序　码	汉　文　名	英　文　名	注　　释
04.349	安乐死	euthanasia	
04.350	主动安乐死	active euthanasia	
04.351	被动安乐死	passive euthanasia	
04.352	爱助自杀	assisted suicide	
04.353	器官移植伦理学	organ transplantation ethics	
04.354	动物权利	animal right	
04.355	推定同意	presumed consent	
04.356	卫生资源分配	allocation of health resources	
04.357	高危行为	high risky behavior	
04.358	性伦理学	sex ethics	
04.359	同性恋	homosexuality	
04.360	卫生政策伦理学	health policy ethics	
04.361	女权主义生命伦理学	feminist bioethics	

05. 科学技术方法论

序　码	汉　文　名	英　文　名	注　　释
05.001	科学研究	scientific research	
05.002	经验性研究	empirical research	
05.003	理论性研究	theoretical research	
05.004	方法	method	
05.005	科学方法	scientific method	
05.006	技术方法	technical method	
05.007	科学方法论	scientific methodology	
05.008	技术方法论	technical methodology	
05.009	科学技术方法论	methodology of science and technology	
05.010	科学认识	scientific knowledge	
05.011	认识主体	subject of knowledge	
05.012	主体系统	system of subject	
05.013	认识客体	object of knowledge	
05.014	客体系统	system of object	
05.015	自然客体	natural object	
05.016	社会客体	social object	
05.017	精神客体	mental object	

序　码	汉 文 名	英 文 名	注　　释
05.018	认识工具	implement of knowledge	
05.019	思维工具	implement of thinking	
05.020	科学仪器	scientific instrument	
05.021	科学语言	scientific language	
05.022	自然语言	natural language	
05.023	人工语言	artificial language	
05.024	形式语言	formal language	
05.025	符号语言	symbolical language	
05.026	科学符号	scientific symbol	
05.027	科学实践	scientific practice	
05.028	科学经验	scientific experience	
05.029	经验公式	experiential formula	
05.030	经验常数	experiential constant	
05.031	经验定律	experiential law	
05.032	科学事实	scientific fact	
05.033	经验事实	experiential fact	
05.034	理论事实	theoretical fact	
05.035	因果性事实	the fact of causation	
05.036	科学发现	scientific discovery	
05.037	常规发现	normal discovery	
05.038	非常规发现	non-normal discovery	
05.039	科学发明	scientific invention	
05.040	技术发明	technical invention	
05.041	理论发明	theoretical invention	
05.042	科学问题	problem in science	
05.043	问题结构	structure of problem	
05.044	问题网络	network of problem	
05.045	问题状况	situation of problem	
05.046	问题提法	the way for put the problem	
05.047	问题分解	resolution of problem	
05.048	问题转换	problem-shift	
05.049	问题解决	problem-solving	
05.050	问题意识	problem-conscious	
05.051	怀疑精神	skeptical spirit	
05.052	科研选题	choice of project	
05.053	选题原则	principle of choice	
05.054	科学资料	science-material	

序 码	汉 文 名	英 文 名	注 释
05.055	科学文献	scientific literature	
05.056	科学观察	scientific observation	
05.057	科学测量	scientific measurement	
05.058	直接测量	direct measurement	
05.059	间接测量	indirect measurement	
05.060	观察者	observer	
05.061	可观察性原理	principle of observability	
05.062	观察程序	procedures of observation	
05.063	观察对象	object of observation	
05.064	观察环境	environment of observation	
05.065	观察陈述	observational statement	
05.066	观察语言	observational language	
05.067	观察错误	errors in observation	
05.068	常规观察	normal observation	
05.069	机遇观察	chance observation	
05.070	自然观察	natural observation	
05.071	实验观察	experimental observation	
05.072	感官观察	observation of use senses	
05.073	仪器观察	observation of use instrument	
05.074	观察典型	typical cases in observation	
05.075	地面观察	ground observation	
05.076	空间观察	space observation	
05.077	科学试验	scientific test	
05.078	试错法	trial and error method	
05.079	科学实验	scientific experiment	
05.080	实验处理	experimentation treatment	
05.081	实验控制	control in experiment	
05.082	数学-实验法	mathematics-experiment method	
05.083	定性实验	qualitative experiment	
05.084	定量实验	quantitative experiment	
05.085	单因素实验	experiment of single factor	
05.086	多因素实验	experiment of many factor	
05.087	直接实验	direct experiment	
05.088	间接实验	indirect experiment	
05.089	中间实验	middle experiment	
05.090	中间试验	middle test	
05.091	探索性实验	exploitative experiment	

序　码	汉　文　名	英　文　名	注　　释
05.092	重复性实验	repeated experiment	
05.093	判决性实验	crucial experiment	
05.094	模拟实验	imitative experiment	
05.095	析因实验	factorial experiment	
05.096	常规实验	normal experiment	
05.097	随机实验	random experiment	
05.098	地面实验	ground experiment	
05.099	太空实验	outer space experiment	
05.100	预备性实验	preparative experiment	
05.101	筛选试验	screening test	
05.102	指导性实验	guidingability experiment	
05.103	序贯实验	sequential experiment	
05.104	实验规划	planning experiment	
05.105	实验可控制性	experimental controllability	
05.106	实验可观测性	experimental observation ability	
05.107	实验可靠性	experimental reliability	
05.108	实验误差	experimental error	
05.109	绝对误差	absolute error	
05.110	相对误差	relative error	
05.111	设备误差	equipment error	
05.112	材料误差	material error	
05.113	环境误差	environment error	
05.114	方法误差	method error	
05.115	分配误差	distribution error	
05.116	抽样误差	sampling error	
05.117	顺序误差	sequence error	
05.118	人员误差	personal error	
05.119	随机误差	random error	
05.120	系统误差	systematic error	
05.121	过失误差	gross error	
05.122	实验设计	experimental design	
05.123	对照性原则	principle of control	
05.124	实验组	experimental group	
05.125	对照组	control group	
05.126	盲法	blind method	
05.127	随机性原则	principle of randomization	
05.128	随机抽样	random sampling	

序码	汉文名	英文名	注释
05.129	随机分配	random allocation	
05.130	重复性原则	repeatability principle	
05.131	实验操作	operation in experiment	
05.132	实验数据	experimental data	
05.133	逻辑方法	logical methods	
05.134	比较	comparison	
05.135	可比性	comparability	
05.136	分类	classification	
05.137	人为分类	artificial classification	
05.138	自然分类	natural classification	
05.139	类比	analogy	
05.140	分析方法	analytic methods	
05.141	定性分析	qualitative analysis	
05.142	定量分析	quantitative analysis	
05.143	理论分析	theory analysis	
05.144	特性分析	specificity analysis	
05.145	形态分析	shape analysis	
05.146	案例分析	case analysis	
05.147	因素分析	factor analysis	
05.148	因果分析	causal analysis	
05.149	微元分析	infinitesimal analysis	
05.150	瞬态分析	transient analysis	
05.151	频率分析	frequency analysis	
05.152	时序分析	analysis of time sequence	
05.153	序贯分析	sequential analysis	
05.154	系统分析	systematic analysis	
05.155	历史分析	historical analysis	
05.156	比较分析	comparative analysis	
05.157	综合方法	synthetic methods	
05.158	事实综合	synthesis in fact	
05.159	理论综合	synthesis in theory	
05.160	整体综合	whole synthesis	
05.161	归纳推理	inductive reasoning	
05.162	完全归纳	complete induction	
05.163	穷举法	method of exhaustion	
05.164	不完全归纳	incomplete induction	
05.165	枚举归纳	enumerative induction	

序　码	汉 文 名	英 文 名	注　　释
05.166	科学归纳	scientific induction	
05.167	米耳五法	J. S. Mill's five methods	
05.168	求同法	method of agreement	
05.169	求异法	method of difference	
05.170	求同求异共用法	joint method of agreement and difference	
05.171	共变法	method of concomitant variation	
05.172	剩余法	method of residues	
05.173	归纳论证	inductive demonstration	
05.174	实验-归纳法	experiment-induction method	
05.175	排除-归纳法	elimination-induction method	
05.176	演绎推理	deductive reasoning	
05.177	演绎论证	deductive demonstration	
05.178	公理-演绎法	axiom-deduction method	
05.179	假说-演绎法	hypothesis-deduction method	
05.180	具体	concrete	
05.181	感性的具体	perceptual concrete	
05.182	思维中的具体	concrete in thinking	
05.183	抽象	abstraction	
05.184	科学抽象	scientific abstraction	
05.185	概括抽象	summary abstraction	
05.186	元抽象法	method of elementary abstraction	
05.187	抽象概念	abstract concept	
05.188	证明	proof	
05.189	实践证明	practical proof	
05.190	直接证明	direct proof	
05.191	间接证明	indirect proof	
05.192	反证	disproof	
05.193	反驳	refutation	
05.194	归谬法	reduction to absurdity	
05.195	悖论	paradox	
05.196	逻辑悖论	logical paradox	
05.197	意义悖论	paradox in meaning	
05.198	思想实验	thought experiment	
05.199	理想实验	ideal experiment	
05.200	理想化方法	idealization method	
05.201	形式化方法	formalization method	

序码	汉文名	英文名	注释
05.202	形象化方法	method of imagery	
05.203	隐喻法	metaphor method	
05.204	逼近法	approach method	
05.205	原型	prototype	
05.206	模型	model	
05.207	科学模型	scientific model	
05.208	天然模型	natural model	
05.209	人工模型	artificial model	
05.210	物质模型	material model	
05.211	思维模型	thinking model	
05.212	理想模型	ideal model	
05.213	理论模型	theoretical model	
05.214	经验模型	experiential model	
05.215	半经验半理论模型	the model of half-experience and half-theory	
05.216	半定性半定量模型	the model of half-qualitative and half-quantitative	
05.217	形象模型	model of image	
05.218	抽象模型	abstract model	
05.219	符号模型	symbolic model	
05.220	确定性模型	determinate model	
05.221	随机性模型	stochastic model	
05.222	定性模型	qualitative model	
05.223	定量模型	quantitative model	
05.224	模型组	model group	
05.225	数学方法	mathematical method	
05.226	数学模拟	mathematical imitation	
05.227	计算机模拟	computer-imitation	
05.228	计算机实验	computer-experiment	
05.229	统计方法	statistical method	
05.230	公理方法	axiomatic method	
05.231	科学假说	scientific hypothesis	
05.232	工作假说	hypothesis in working	
05.233	观察假说	hypothesis in observation	
05.234	实验假说	hypothesis in experiment	
05.235	理论假说	hypothesis in theory	
05.236	特设性假说	ad hoc hypothesis	

序码	汉文名	英文名	注释
05.237	假说的检验	tests for hypothesis	
05.238	科学理论	scientific theory	
05.239	理论体系	theoretical system	
05.240	科学描述	scientific description	
05.241	经验描述	experiential description	
05.242	理论描述	theoretical description	
05.243	科学解释	scientific explanation	
05.244	自然解释	explanation of nature	
05.245	规律解释	explanation of law	
05.246	理论解释	theoretical explanation	
05.247	科学预见	scientific prediction	
05.248	经验预见	experiential prediction	
05.249	理论预见	theoretical prediction	
05.250	科学创造	scientific creation	
05.251	创造性思维	creative thinking	
05.252	非逻辑思维	non-logical thinking	
05.253	抽象思维	abstract thinking	
05.254	形象思维	image thinking	
05.255	收敛型思维	convergent thinking	
05.256	发散型思维	divergent thinking	
05.257	水平思维	level thinking	
05.258	垂直思维	vertical thinking	
05.259	多向思维	many-direction thinking	
05.260	侧向思维	lateral thinking	
05.261	逆向思维	reversed thinking	
05.262	乖僻思维	eccentric thinking	
05.263	思维转换	thinking-shift	
05.264	思维障碍	obstructions in thinking	
05.265	思维经济原则	the principle of thinking-economy	
05.266	科学联想	scientific association	
05.267	科学想象	scientific imagination	
05.268	科学幻想	scientific fantasy	
05.269	科学直觉	scientific intuition	
05.270	科学灵感	scientific inspiration	
05.271	创造技法	technical method of creation	
05.272	科学讨论	discussion in science	
05.273	头脑风暴法	brain-storming method	

序 码	汉 文 名	英 文 名	注 释
05.274	群生法	synectics	
05.275	等价变换法	alternate method of equal values	
05.276	组合法	combination method	
05.277	移植法	transplant method	
05.278	列举法	enumerate method	
05.279	系统方法	system method	
05.280	整体性原则	principle of whole	
05.281	模型化原则	principle of model	
05.282	最优化原则	principle of optimization	
05.283	系统仿真	system simulation	
05.284	黑箱方法	method of black box	
05.285	灰色系统	grey system	
05.286	信息方法	information method	
05.287	控制论方法	method of cybernetics	
05.288	反馈控制方法	feedback-control method	
05.289	功能模拟方法	function-imitation method	

06. 科学、技术与社会

序 码	汉 文 名	英 文 名	注 释
		06.01 科学、技术与社会总论	
06.001	科学、技术与社会	science, technology and society	
06.002	科学的社会功能	social function of science	
06.003	技术的社会功能	social function of technology	
06.004	科学技术体制	scientific and technological institution	
06.005	科技立法	legislation of science and technology	
06.006	科学技术规划	the program of science and technology	
06.007	科学的社会控制	social control of science	
06.008	技术的社会控制	social control of technology	
06.009	科学技术伦理学	ethics of science and technology	
06.010	科学技术管理	management of science and technology	

序码	汉文名	英文名	注释
06.011	科学技术政策	policies of science and technology	
06.012	科学技术战略	strategy for science and technology	
06.013	科学人类学	scientific anthropology	
06.014	技术人类学	technological anthropology	
06.015	科学技术进步	scientific and technological progress	
06.016	科学技术革命	scientific and technological revolution	
06.017	科技文献	scientific and technical literature	
06.018	科学知识社会学	sociology of scientific knowledge	
06.019	知识产权	intellectual property	
06.020	未来学	futurology	
06.021	科学悲观主义	scientific pessimism	
06.022	科学乐观主义	scientific optimism	
06.023	理性化	rationalization	
06.024	工业社会	industrial society	
06.025	后工业社会	post-industrial society	又称"工业化后社会"。
06.026	信息社会	informational society	
06.027	研究和发展	research and development	

06.02 科学社会学

序码	汉文名	英文名	注释
06.028	科学社会学	sociology of science	
06.029	科学文化	scientific culture	
06.030	科学意识	scientific consciousness	
06.031	科学态度	scientific attitude	
06.032	科学素养	scientific literacy	
06.033	科学启蒙	enlightenment of science	
06.034	大科学	big science	
06.035	小科学	little science	
06.036	科学权威	prestige of science	
06.037	马太效应	Matthew effect	
06.038	科层制	bureaucracy	
06.039	科学精英	scientific elite	
06.040	科学创造力	scientific creativity	
06.041	科学计量学	scientometrics	
06.042	科学分类	taxonomy of science	
06.043	优先权	priority	

序　码	汉　文　名	英　文　名	注　　释
06.044	科学的自主性	autonomy of science	
06.045	科学政策	scientific policy	
06.046	科学的制度化	institutionalization of science	
06.047	科学增长指标	indicators of scientific growth	
06.048	科学普及	popularization of scientific knowledge	
06.049	科学的价值	values of science	
06.050	科学的社会目的	social goals of science	
06.051	科学家的社会责任	social responsibility of scientist	
06.052	科学研究的职业化	professionalization of scientific research	
06.053	科学学派	schools in science	
06.054	科学中心	scientific center	
06.055	科学危机	crisis in science	
06.056	科学情报	scientific information	
06.057	科学发展模式	pattern of scientific development	
06.058	科学基金	scientific fund	
06.059	科学家的生产率	productivity of scientists	
06.060	科学中的人力	manpower in science	
06.061	科学家共同体	scientist community	
06.062	无形学院	invisibles college	
06.063	科学家的分层	stratification of scientists	
06.064	科学中的社会分层	social stratification in science	
06.065	科学的年龄结构	age structure in science	
06.066	同行评议	peer review	
06.067	科学中的老人统治	gerontocracy in science	
06.068	科学的指数增长	exponential growth of science	
06.069	多重发现	multiple discoveries	
06.070	同时发现	simultaneous discoveries	
06.071	人工事实	artificial fact	
06.072	话语分析	discourse analysis	
06.073	常人方法论	ethnomethodology	
06.074	外部方法	externalist methodology	
06.075	内部方法	internalist methodology	

序　码	汉 文 名	英 文 名	注　　释
06.076	宏观取向	macroscopic orientation	
06.077	微观取向	microscopic orientation	
06.078	民族志	ethnography	

06.03　技术社会学

序　码	汉 文 名	英 文 名	注　　释
06.079	技术社会学	sociology of technology	
06.080	建构主义技术社会学	constructivist sociology of technology	
06.081	技术的社会建构	social construction of technology	
06.082	技术政策	technology policy	
06.083	技术创新	technological innovation	
06.084	创新的“需要牵引模式”	“need-pull” model of innovation	
06.085	创新的“需求推动模式”	“demand-push” model of innovation	
06.086	创新的“发现推动模式”	“discovery-push” model of innovation	
06.087	创新的“市场牵引模式”	“market-pull” model of innovation	
06.088	发明的社会影响	social impact of invention	
06.089	奥格本学派	Ogburn’s School	
06.090	生产技术	productive technology	
06.091	技术动力学	technological dynamism	
06.092	技术的相互依存性	technological interdependence	
06.093	技术转移	transfer of technology	
06.094	技术发明模式	technology discovery model	
06.095	创新的“技术推动模式”	“technology-push” model of innovation	
06.096	产业社会学	sociology of industry	
06.097	发明社会学	sociology of invention	
06.098	能源社会学	sociology of energy	
06.099	高技术产业	high-technology industries	
06.100	学徒制	apprenticeship	
06.101	操作子	actor	
06.102	操作子网络	actor network	
06.103	操作子世界	actor world	

序 码	汉 文 名	英 文 名	注 释
06.104	研究纲领	research program	
06.105	技术社会	technological society	
06.106	专利	patent	
06.107	无缝之网	seamless web	
06.108	技术选择	technological choices	
06.109	技术扩散	technological diffusion	
06.110	技术框架	technological frame	
06.111	社会技术集合	sociotechnical ensembles	
06.112	技术制度	technological regime	

英 汉 索 引

A

abduction 外展 03.309
abductive logic 外展逻辑 03.310
absolute 绝对 02.264
absolute and relative of contradiction 矛盾的绝对性和相对性 01.165
absolute error 绝对误差 05.109
absolute motion 绝对运动 03.056
absolute space 绝对空间 03.060
absolute time 绝对时间 03.062
absolutism 绝对主义 03.368
abstract concept 抽象概念 05.187
abstract entity 抽象实体 02.074
abstraction 抽象 05.183
abstract model 抽象模型 05.218
abstract thinking 抽象思维 05.253
acceleration law of the development of science and technology 科学技术发展的加速度规律 01.211
acceptance of a theory 理论的接受 03.181
accumulationism 累积主义 03.366
action 作用 01.146
action and reaction 作用和反作用 01.147
action at a distance 超距作用 03.548
active euthanasia 主动安乐死 04.350
actor 操作子 06.101
actor network 操作子网络 06.102
actor world 操作子世界 06.103
act psychology 意动心理学，＊意向心理学 03.705
actual entities 现实实有 02.278
actuality 现实 02.222
actual occasion 现实事态 02.279
act willfully ＊各行其是 03.454
ad hoc hypothesis 特设性假说 05.236
Advaita vada 不二论 02.185
aesthetics of science 科学美学 01.054
affinity 亲合性 03.593
affirmation 确证 03.127
affirmation and negation 肯定和否定 01.181
age structure in science 科学的年龄结构 06.065
agnosticism 不可知论 01.246
agricultural engineering 农业工程 04.251
agricultural environment 农业环境 04.248
agricultural extension 农业推广 04.246
agricultural living things 农业生物 04.247
agricultural modernization 农业现代化 04.267
agricultural regionalization 农业区划 04.253
agricultural reproduction 农业再生产 04.254
agricultural resources 农业资源 04.252
agricultural science 农业科学 04.244
agricultural structure 农业结构 04.250
agricultural system 农业系统 04.249
agricultural technique 农业技术 04.245
agriculture 农业 04.243
agriculture ecosystem 农业生态系统 04.266
aim of science 科学的目标 03.008
a kind of spirit Qi 精气 02.150
a kind of substance of forming universe 气 02.148
alchemy 炼金术 03.589，炼丹术 03.599
alienation of technology 技术异化 04.001
allocation of health resources 卫生资源分配 04.356
all things 万物 02.142
all things come from being 崇有论 02.168
alternate method of equal values 等价变换法 05.275
ambiguity 歧义性 03.359
amount of energy 能量 02.046
amount of information 信息量 04.170
analogical reasoning 类比推理 03.239
analogy 类比 05.139
analysis of time sequence 时序分析 05.152
analytical philosophy 分析哲学 03.111

analytical porposition ＊分析命题 03.150
analytical problem solving 分析问题解决 03.151
analytical sentence 分析句 03.150
analytical statement ＊分析陈述 03.150
analyticity 分析性 03.149
analytic methods 分析方法 05.140
analytic-synthetic distinction 分析-综合区分 03.148
anarchistic theory of knowledge 无政府主义知识论 03.452
animal embryo transfer 家畜胚胎移植 04.298
animal medicine 动物医学 04.280
animal right 动物权利 04.354
animal science and technology 动物科学技术 04.279
animism 泛灵论 02.245
anisotropy 各向异性 02.050
anomaly 反常 03.438
anthropic principle 人择原理 02.040
anthropocentricism 人类中心论 02.039
anti-cosmopolitanism 反世界主义 01.301
anti-fundamentalism 反基础主义 03.167
antimatter 反物质 01.104
anti-metaphysics 反形而上学 02.120
antinomies 二律背反 02.260
anti-realism 反实在论 02.079
anti-reductionism 反还原论 03.147
anti-science 反科学 03.020
anti-scientism 反科学主义 01.316
anti-technologist 反技术者 04.002
anti-technology 反技术 04.003
apeiron 阿派朗 02.196
a posteriori 后天，＊后验 03.025
applied science 应用科学 01.041
apprenticeship 学徒制 06.100
approach method 逼近法 05.204
appropriate technology 适用技术 04.004
approximate truth 近似真理 03.208
a priori 先天，＊先验 03.024
apriorism 先验论 01.245
arche 本原 02.195
argument pattern 论证模式 03.247
arrow of time 时间之矢 03.069
artifacts 人工制品 04.095
artificial classification 人为分类 05.137
artificial fact 人工事实 06.071
artificial intelligence 人工智能 04.096
artificial language 人工语言 05.023
artificial model 人工模型 05.209
artificial nature 人工自然 02.025
artificial seed 人工种子 04.286
assisted suicide 爱助自杀 04.352
associationism 联想主义 03.704
astrology 占星术 02.240
Astronavigation Age 宇航时代 01.062
astronomy 天文学 01.086
asymmetry 不对称性 03.103
atom 原子 02.207
atomism 原子论 01.272
atomists 原子论者 02.206
attractor 吸引子 04.162
a universe theory in Chinese ancient times 浑天说 02.182，盖天说 02.183
author-text-reader relations 作者-文本-读者关系 03.497
autogenesis 自生学说 03.662
automatic control theory 自动控制理论 04.178
automation 自动化 04.097
autonomy of science 科学的自主性 06.044
autonomy of technology 技术自主性 04.005
auxiliary assumptions 辅助假设 03.403
auxiliary hypotheses 辅助假说 03.402
axiology of technology 技术价值论 04.007
axiomatic method 公理方法 05.230
axiomatism 公理主义 03.529
axiomatization 公理化 03.528
axiom-deduction method 公理-演绎法 05.178

B

background theories 背景理论 03.407
basic problems of philosophy 哲学基本问题 01.015
basic proposition 基本命题 03.224
basic science 基础科学 01.040
Bayesism 贝叶斯主义 03.306
Bayes theorem 贝叶斯定理 03.305
behavioristic psychology 行为主义心理学 03.709
being 有 02.125
being and thinking 存在和思维 01.227
being-in-itself 自生 02.154
Bell's inequality 贝尔不等式 03.578
Belousov-Zhabotinsky reaction BZ 反应 04.190
Benard convection 贝纳尔对流 04.167
Berlin School 柏林学派 02.115
Bestand 持存物 04.008
bifurcation 分叉 04.151
big-bang cosmology 大爆炸宇宙论 01.087
big-bang of universe 宇宙大爆炸 02.042
big science 大科学 06.034
big system theory 大系统理论 04.180
biodiversity 生物多样性 03.077
bioethics 生命伦理学 04.321
biogenesis 生源论 03.666
biological agriculture 生物农业 04.262
biological diversity 生物多样性 03.077
biological motion 生物运动 01.138
biological parenthood 生物学父母 04.337
biomedical model 生物医学模式 04.302
bio-psycho-social medical model 生物-心理-社会医学模式 04.303
biosphere 生物圈 04.201
black box 黑箱 04.174
black hole 黑洞 03.053
blind method 盲法 05.126
blue revolution 蓝色革命 04.270
body 身体 02.250
Brahman 梵 02.184
brain death 脑死亡 04.347
brain research 脑研究 03.747
brain-storming method 头脑风暴法 05.273
breathe out slowly 嘘气 02.197
bridge laws 桥定律 03.293
bridge principles ＊桥原理 03.293
Bronze Age 青铜时代 01.057
Brusselator 布鲁塞尔器 04.165
bureaucracy 科层制 06.038

C

calm and content himself of Heaven Tao 天道无为 02.133
calm and content himself of nature 自然无为 02.134
caloric theory 热质说 03.557
Can Liang 参两 02.177
"Can" means unity of opposites, "Liang" means contrariety and the interaction of both sides of contradiction 参两 02.177
case analysis 案例分析 05.146
casual chain 因果链 03.214
catastrophe 突变 01.159
catastrophe theory 突变论 03.680
catastrophism 灾变论 03.628
categorical judgement of value 绝对的价值判断 03.027
category 范畴 01.225
category theory 范畴论 01.220
causal analysis 因果分析 05.148
causal connection 因果联系 03.215
causality 因果性 03.091
causal relevance 因果相干性 03.216
causal theory of reference 指称的因果理论 03.218
celestial bodies motion 天体运动 01.142

celestial body globule hypothesis　天体球形说　03.621
celestial sphere　天球　02.248
cell theory　细胞学说　01.285
certainty of knowledge　知识的确定性　02.082
chain of being　存在之链　03.076
challenging　挑战　04.022
chance　偶然性　03.093
chance observation　机遇观察　05.069
change　变化　01.153，易　02.158
chaos　混沌　04.149
character　性　02.152
charity principle of reference　指称的宽容原理　03.221
chemical evolution　化学进化　03.600
chemical revolution　化学革命　03.596
Chinese philosophy of nature　中国自然哲学　02.002
choice of project　科研选题　05.052
circulation　循环　01.167
cladism　遗传决定论　03.684
classical conception of probability　经典的概率观　03.300
classical logic　经典逻辑　03.250
classification　分类　05.136
clinical thinking　临床思维　04.312
coaction　相互作用　01.148
cognitive meaning　认知意义　03.120
cognitive science　认知科学　03.729
cognitivism　认知主义　03.730
coherence theory of truth　真理的贯融论　03.209
coherentism　贯融主义　03.210
collision movement　碰撞运动　03.636
combination method　组合法　05.276
commonsense view of explanation　说明的常识观点　03.318
comparability　可比性　05.135
comparative analysis　比较分析　05.156
comparison　比较　05.134
complementarity　互补性　03.570
complete induction　完全归纳　05.162
completeness of physical theory　物理学理论的完备性　03.581
complex adaptive self-organizing regulatory systems　复杂的适应自组织调节系统　03.480
complex system　复杂系统　04.132
components of research programme　研究纲领的成分　03.399
computational metaphor　计算机隐喻　04.010
computational theory of mind　心灵的计算理论　03.731
Computer Age　计算机时代　01.061
computer-experiment　计算机实验　05.228
computer-imitation　计算机模拟　05.227
computerocracy　计算机统治　04.009
concept　概念　01.222
concept of absolute space and time　绝对时空概念　03.551
conceptualism　概念论　03.037
concrete　具体　05.180
concrete in thinking　思维中的具体　05.182
confirmability　可认证性，＊可确认性　03.197
confirmation　认证，＊确认　03.196
conjecture　猜测　03.394
connectionism　联结主义　03.710
connexion　联系　01.143
conscious mind　意识心理　03.718
consciousness　意识　01.122
conservation law　守恒律　03.550
conservation of matter　物质不灭　01.092
conservation of motion　运动不灭　01.132
conservation of transformations of motion in nature　自然界运动转化的守恒性　01.187
conservation principle　守恒原理　01.191
constant nothing　常无　02.127
constant something　常有　02.126
constructive empiricism　建构经验论　02.105
constructive realism　建构实在论　02.062
constructivist sociology of technology　建构主义技术社会学　06.080
context　与境　03.336
context of discovery　发现的与境　03.342
context of justification　辩护的与境　03.338
contextualism　与境主义　03.468
contextualism of technology　技术的背景论　04.011
continental drift theory　大陆漂移说　03.630

continuity 连续 03.100
contraction hypothesis of the earth 地球冷缩说 03.640
contradiction 矛盾 01.160
control group 对照组 05.125
control in experiment 实验控制 05.081
control theory 控制论 04.172
conventionalism 约定论 03.372
convergent thinking 收敛型思维 05.255
Copenhagen interpretation of quantum mechanics 量子力学的哥本哈根解释 03.568
Copenhagen School 哥本哈根学派 03.567
corpuscular philosophy 微粒哲学 02.249
correlation at a distance 远距离关联 03.579
correspondence principle 对应原理 03.569
correspondence theory of truth 真理的符合论 03.211
corroboration 验证 03.389
cosmogony 天演论 01.263
cosmological harmony 宇宙和谐 03.608
cosmological paradox 宇宙学佯谬 03.609
cosmological principle 宇宙学原理 03.610
cosmological singularity 宇宙奇点 03.612
cosmology 宇宙学 01.085, 宇宙论 02.038
cosmos 宇宙 03.603
cosmoscopic 宇观 01.081
cosmos motion 宇宙运动 01.141
counterfactual conditionals 反事实条件句 03.244
counter induction 反归纳法 03.298
covering law model of explanation 说明的覆盖律模型 03.319
created being 造物 02.238
create out of nothing 无中生有 02.163
creative engineering 创造工程 04.098
creative thinking 创造性思维 05.251
crisis in physics 物理学危机 03.540
crisis in science 科学危机 06.055
criterion 理 02.151
criterion of meaning 意义标准 03.119
criterion of significance 意义标准 03.119
critical rationalism 批判理性主义 03.380
critical realism 批判实在论 02.061
critical theory of technology 技术批判理论 04.012
crucial component 要素 03.086
crucial experiment 判决性实验 05.093
cult of science 科学崇拜 03.018
cumulative science 累积的科学 03.365
cybernetics 控制论 04.172
cycle 循环 01.167

D

Dao 道 02.123
dark matter 暗物质 03.052
Darwinism 达尔文主义 03.675
Da Yi 大一 02.137
death ethics 死亡伦理学 04.346
death of person 人的死亡 04.310
Debolin School 德波林学派 01.299
deduction 推论 03.236, 演绎 03.274
deductionism 演绎主义 03.276
deductive demonstration 演绎论证 05.177
deductive logic 演绎逻辑 03.275
deductive-nomological model of explanation 说明的演绎-律则模型 03.320
deductive reasoning 演绎推理 05.176
degenerating research programme 退步的研究纲领 03.412
dehumanization of technology 技术的非人道化 04.013
delay-selection experiment 延迟选择实验 03.556
"demand-push" model of innovation 创新的"需求推动模式" 06.085
demarcation between science and pseudo-science 科学与伪科学的划界 03.381
deontic logic 道义逻辑 03.258
description 摹状, *描述 03.230
descriptive statement 摹状陈述 03.231
destiny 天命 02.130
determinate model 确定性模型 05.220
determinism of population 人口决定论 01.286
determinism of technology 技术决定论 04.062

deterministic law 决定论规律 03.544
development 发展 01.166
development economics 发展经济学 01.076
development sociology 发展社会学 01.077
device paradigm 装置范式 04.014
diagnosis of plant nutrition 植物营养诊断 04.290
dialectical logic 辩证逻辑 01.034
dialectical materialism 辩证唯物主义 01.239
dialectical thinking 辩证思维 01.011
dialectic process 辩证过程 02.265
dialectics 辩证法 01.001
dialectics in nature 自然界的辩证法 01.006
dialectics of nature 自然辩证法 01.005
dialectics of society 社会辩证法，＊历史辩证法 01.007
dialectics of thinking 思维辩证法 01.012
dialectic view of nature 辩证自然观 02.012
difference between acquaintance and knowing 体验和知识的区分 03.126
diluvianism 洪积论 03.622
direct and indirect evidence 直接和间接证据 03.200
direct experiment 直接实验 05.087
direct measurement 直接测量 05.058
direct proof 直接证明 05.190
disciplinary matrix 学科基质 03.436
disciplinary sciences 交叉科学 01.043
disconfirm 否证 03.198
discontinuity 间断 03.101
discourse 话语 03.488
discourse analysis 话语分析 06.072
discourse in science 科学中的话语 03.489
“discovery-push” model of innovation 创新的“发现推动模式” 06.086
discussion in science 科学讨论 05.272
disease 疾病 04.307
disorder 无序 03.090
disposition 素质 03.233
disposition term 素质术语 03.234
disproof 反证 05.192
dissipative structure 耗散结构 03.072
dissipative structure theory 耗散结构论 04.134
distend-cosmic 胀观 01.080
distinguish mankind from heaven 天人相分 01.258
distribution error 分配误差 05.115
divergent thinking 发散型思维 05.256
divine creation 神创 02.239
divisibility 可分性 03.096
Division of Nature 自然的区分 02.229
diwa theory 地洼说 03.633
do as one please 怎么都行 03.454
doctrine of four causes 四因说 01.273
dogmas of empiricism 经验论教条 03.140
domain 域 03.458
domain of information 信息域 03.459
double effect 双重效应 04.331
dry farming 旱地农业 04.260
dualism 二元论 01.234
dualism of mind and matter 心物二元论 02.252
duality nature of matter 物质的二象性 03.573
Duan 端 02.166
Duhem-Neurath-Quine thesis 杜恒-诺伊拉特-蒯因命题 03.424
“Du Hua” means that things change without force 独化论 02.167
duration 绵延 02.268
duties to future generation 对后代的责任 04.236
duties toward nonhuman beings 对非人事物的责任 04.237
dynamic 动的 02.272
dynamic law 动力学规律 03.545

E

earth science 地球科学 03.617
earth structure 地球结构 03.642
earth system 地球体系 03.643
Earth Village 地球村 04.200
Eastern philosophy of nature 东方自然哲学 02.004
eccentric thinking 乖僻思维 05.262
ecoactivist 生态活动家 04.218
ecoactivity 生态活动 04.219

ecocatastrophe　生态灾难　04.225
ecocide　生态灭绝　04.223
ecofreak　生态学迷　04.224
ecological agriculture　生态农业　04.263
ecological consciousness　生态意识　04.213
ecological crisis　生态危机　04.212
ecological culture　生态文化　04.215
ecological design　生态设计　04.221
ecological equilibrium　生态平衡　04.211
ecological ethics　生态伦理学　04.216
ecological method　生态方法　04.207
ecological order　生态序　04.208
ecological simulation　生态模拟　04.222
ecological space　生态空间　04.210
ecological stability　生态稳定性　04.228
ecological theology　生态神学　04.217
ecological thinking　生态思维　04.220
ecological time　生态时间　04.209
ecological value　生态价值　04.214
ecological view　生态观　04.206
ecological village　生态村　04.278
ecology movement　生态运动　04.226
economics of science　科学经济学　01.049
economy of thought　思维经济　02.109
ecophilosophy　生态哲学　04.205
ecosystem　生态系统　04.227
effect cause　动力因　02.219
Einstein-Bohr debate　爱因斯坦-玻尔争论　03.576
Einstein-Podolsky-Rosen paradox　EPR 悖论　03.577
Einstein's view of time and space　爱因斯坦时空观　01.120
elan vital　生命冲动　02.267
Eleatic School　爱利亚学派　02.201
electrification　电气化　04.099
Electrification Age　电气化时代　01.060
electromagnetical picture of world　电磁世界图景　02.035
electromagnetic interaction　电磁相互作用　01.150
electromagnetic motion　电磁运动　01.140
element　元素　03.085
elements of system　系统的要素　04.127
elimination-induction method　排除-归纳法　05.175
elimination of metaphysics　取消形而上学　02.121
eliminative induction　消去归纳法　03.285
eliminative materialism　排除型唯物论　03.035
emanation　流射　02.227
emergent evolution　突现进化　02.274
emergentism　突现论　03.656
empirical adequacy　经验适当性　02.097
empirical content　经验内容　02.098
empirical equivalence　经验等价性　02.099
empirical meaning　经验意义　02.100
empirical proposition　经验命题　02.101
empirical realism　经验实在论　03.049
empirical research　经验性研究　05.002
empirical science　经验科学　03.007
empirical truth　经验真理　02.102
empiricism　经验论　01.275
empiricism in mathematics　数学经验论　03.523
empiricist philosophy of science　经验论的科学哲学　02.103
empirio-criticism　经验批判主义　01.293
empty entities　空虚实有　02.277
encyclopedia of unified science　统一科学百科全书　03.135
encyclopedism of logical empiricism　逻辑经验论的百科全书主义　03.136
end　端　02.166
energetism　唯能论　01.294
energy　能量　02.046
energy conservation and transformation law　能量守恒与转化定律　01.098
energy crisis　*能源危机　01.100
energy problem　能源问题　01.100
energy science　能源科学　01.101
energy sources　能源　01.099
enframing　座架　04.020
engineering　工程　04.100
engineering cybernetics　工程控制论　04.103
engineering design　工程设计　04.102
engineering education　工程教育　04.104
engineering ethics　工程伦理学　04.105
engineering science　工程科学　04.101
enlightenment of science　科学启蒙　06.033
ensemble　系综　03.082

entelechy　生机，＊隐德来希　03.670
entity　实体　02.073
entropy　熵　03.560
enumerate method　列举法　05.278
enumerative induction　枚举归纳　05.165
environmental assessment　环境评价　04.198
environmental capacity　环境容量　04.197
environmental consciousness　环境意识　04.195
environmental crisis　环境危机　04.230
environmental degradation　环境退化　04.199
environmental engineering　环境工程　04.229
environmental ethics　环境伦理学　04.231
environmental policies　环境政策　04.232
environmental quality　环境质量　04.196
environmental science　环境科学　04.193
environmental value　环境价值　04.233
environment error　环境误差　05.113
environment of observation　观察环境　05.064
environment of system　系统的环境　04.130
environ-politics　环境政治学　04.234
epigenesis　后成论，＊渐成论　03.668
epistemic correlation　认识关联　02.086
epistemic relativity　认识相对性　02.087
epistemological holism　认识整体论　02.088
epistemology　认识论　02.084
epistemology of experiment　实验的认识论　03.467
epistemology of technology　技术认识论　04.016
equipment error　设备误差　05.111
erotetic logic　反问逻辑　03.256
errors in observation　观察错误　05.067
essentialism　本质论　03.371
eternal objects　永恒客体　02.283
ether　以太　03.549
ethical dilemma　伦理难题　04.335
ethics of science　科学伦理学　03.505
ethics of science and technology　科学技术伦理学　06.009
ethics of survival　求生伦理学　04.238
ethnocentrism　种族中心主义　02.091
ethnography　民族志　06.078
ethnomethodology　常人方法论　06.073
ethno-psychology　人种心理学，＊民族心理学　03.717
ethos of science　科学的精神气质　03.017
eugenic movement　优生运动　04.342
eugenics　优生学　04.341
euthanasia　安乐死　04.349
event　事件　02.281
evidence　证据　03.199
evidence contaminated　证据的污染　03.426
evidential indistinguishability　证据的不可区分性　03.427
evolution　进化　03.658
evolutionary epistemology　进化认识论　02.089
evolutionary realism　进化实在论　02.060
evolutionary theory　进化论，＊演化论　03.674
evolution of celestial bodies　天体进化论　01.279
evolution of science　科学的进化　03.010
evolution of technology　技术进化　04.017
excessive corroboration　超量验证　03.390
excessive empirical content　超量经验内容　03.392
excessive falsifiability　超量可证伪性　03.393
exemplar　范例　03.435
existential psychology　存在[主义]心理学　03.715
expanding universe　膨胀宇宙　02.043
expansion hypothesis of the earth　地球膨胀说　03.639
experience　经验　02.096
experiential constant　经验常数　05.030
experiential description　经验描述　05.241
experiential fact　经验事实　05.033
experiential formula　经验公式　05.029
experiential law　经验定律　05.031
experiential model　经验模型　05.214
experiential prediction　经验预见　05.248
experimental argument for realism　实在论的实验论证　02.070
experimental controllability　实验可控制性　05.105
experimental data　实验数据　05.132
experimental design　实验设计　05.122
experimental error　实验误差　05.108
experimental group　实验组　05.124
experimentalism　实验主义　03.375
experimental observation　实验观察　05.071
experimental observation ability　实验可观测性　05.106

experimental reliability 实验可靠性 05.107
experimental science 实验科学 01.039
experimentation treatment 实验处理 05.080
experiment-induction method 实验-归纳法 05.174
experiment of many factor 多因素实验 05.086
experiment of single factor 单因素实验 05.085
explanandum 被说明项 03.313
explanans 说明项 03.312
explanation 说明 03.311
explanation of law 规律解释 05.245
explanation of nature 自然解释 05.244
explanatory coherence 说明的一致性 03.314
explanatory reductionism 说明的还原论 03.324
explanatory relevance 说明的相干性 03.315
explicandum 被阐明项 03.330
explication 阐明 03.328
explicatum 阐明项 03.329
explicit definition 显定义 03.128
explicit knowledge 言传知识 03.745
explicit order 显序 03.109
exploitative experiment 探索性实验 05.091
exploration knowledge movement 勘查阶梯式发展 03.647
exponential growth of science 科学的指数增长 06.068
extension 广延 02.255
externalist methodology 外部方法 06.074
external realism 外部实在论 02.056
external stochasticity 外在随机性 04.155
external world 外部世界 02.036
extraterrestrial civilization 地外文明 02.041

F

fabricate out of thin air 无中生有 02.163
factor analysis 因素分析 05.147
factorial experiment 析因实验 05.095
fact-value distinction 事实-价值区分 03.163
fallacy of misplaced concreteness 具体性误置之谬 02.275
fallibilism 可误论 03.387
fallibility 可误性 03.388
falsifiability 可证伪性 03.385
falsification 证伪, ＊否证 03.382
falsifier 证伪者 03.383
far-from-equilibrium, dissipative, non-linear dynamic system 远离平衡态的,耗散的,非线性动力学系统 03.481
far-from-equilibrium state 远离平衡态 04.144
fate 天命 02.130
fault-block tectonics 断块构造说 03.635
feedback 反馈 04.173
feedback-control method 反馈控制方法 05.288
Feigenbaum constant 费根鲍姆常数 04.189
feminist 女性主义 03.498
feminist bioethics 女权主义生命伦理学 04.361
feminist perspective of science 女性主义科学观 03.499
fetus ontology 胎儿本体论 04.339
field 场 02.048
final cause 目的因 02.220
finite 有限 03.087
first impulse 第一推动 03.543
fixism 固定论 03.637
flow of entropy 熵流 04.147
fluctuation 涨落 04.145
focus development law of science and technology 科学技术发展的重心规律 01.212
force 势 02.155
force and work 力和功 01.230
form 式 02.156, 形式 02.212
formal cause 形式因 02.218
formalism 形式主义 03.520
formalization method 形式化方法 05.201
formal language 形式语言 05.024
formal logic 形式逻辑 03.252
formal science 形式科学 03.006
formal system 形式系统 03.530
form of discourse 话语形式 03.491
form of thinking 思维形式 01.221
forms of matter in the nature 自然界物质形态 01.094

forms of motion 运动形式 03.058
formula feed 配合饲料 04.296
formula fertilizer 配方施肥 04.295
foundation of knowledge 知识的基础 02.081
foundation of mathematics 数学基础 03.517
foundation of physics 物理学基础 03.539
foundation of science 科学基础论 03.003
four dimensional spacetime 四维时空 03.065
four elements—metal, wood, fire and water 四象 02.144
four roots 四根 02.203
fractal 分形 03.073
fractional dimension 分维 03.074
Frankenstein's dilemma 弗兰肯斯坦困境 04.019
Frankfort School 法兰克福学派 01.311
frequency analysis 频率分析 05.151
Freudism 弗洛伊德主义 03.714
from being to becoming 从存在到生成 02.285
functionalism 机能主义 03.708
function-imitation method 功能模拟方法 05.289
function of system 系统的功能 04.129
fundamentalism 基础主义 03.166
fundamental particle motion 基本粒子运动 01.139
futurology 未来学 06.020
fuzzy system 模糊系统 04.184
F. W. Taylor's system 泰勒制 01.296

G

Gaia 盖娅 02.021
gene 基因 03.080
general logic 普通逻辑 01.033
general system theory 一般系统论 04.133
genetic epistemology 发生认识论 03.733
genetic ethics 遗传伦理学 04.340
genotype 基因型 03.682
geocentic theory 地心说 03.614
geodepression theory 地洼说 03.633
geological process 地质作用 03.644
geomechanics 地质力学 03.631
geometricalization of gravity 引力几何化 03.067
geopolitics 地缘政治学 03.649
germplasm theory 种质说 03.679
gerontocracy in science 科学中的老人统治 06.067
Geson's incident 格森事件 01.307
Gestalt qualitaet Theorie 形质说, *格式塔-性质说 03.711
Gestalt quality theory 形质说, *格式塔-性质说 03.711
Gestell(德) 座架 04.020
Ge Wu 格物 02.159
given 所与 02.072
glue-green paradox 绿蓝悖论 03.295
gnosis 灵知 03.723
goals of medicine 医学目的 04.304
God's will 天命 02.130, 天志 02.131
God was master of all things, it had willingness and personality 天志 02.131
Goedel's incompleteness theorem 哥德尔不完全性定理 03.526
Goodman paradox 古德曼悖论 03.294
gravitational interaction 引力相互作用 01.149
great void 太虚 02.139
green-blue paradox *蓝绿悖论 03.295
green revolution 绿色革命 04.269
grey box 灰箱 04.175
grey system 灰色系统 05.285
grey system theory 灰色系统理论 04.140
gross error 过失误差 05.121
ground experiment 地面实验 05.098
ground observation 地面观察 05.075
growth of scientific knowledge 科学知识的增长 03.414
guidingability experiment 指导性实验 05.102

H

hard core　硬核　03.400
hard science　硬科学　01.070
harmony of man with nature　天人合一　01.257
harmony principle　和谐原理　01.190
having a lot of meanings, it means four seasons　四象　02.144
health　健康　04.306
health policy ethics　卫生政策伦理学　04.360
heat death　热寂　03.561
Heaven　天　02.128
heaven and earth　两仪　02.143
heaven and mankind alternatively overtake each other　天人相胜　01.259
heavenly cover cosmology　盖天说　02.183
Heaven Tao　天道　02.129
hegemony of technology　技术霸权　04.021
heliocentric theory　日心说　03.615
Hempel paradox　亨佩尔悖论　03.291
Herausforden(德)　挑战　04.022
hermeneutics　解释学　03.495
hermeneutics of science　科学的解释学　03.496
He Shi Sheng Wu　和实生物　02.173
heterosis　杂种优势　04.283
heuristic method　启发法　03.404
hidden variable　隐变量　03.105
hierarchical model of justification　辩护的等级模型　03.340
hierarchical structure of matter　物质层次结构　01.093
hierarchy　阶序　03.655
high risky behavior　高危行为　04.357
high-technology industries　高技术产业　06.099
Hilbert programme　希尔伯特纲领　03.527
historical analysis　历史分析　05.155
historical materialism　历史唯物主义　01.009
historism　历史主义　03.430
history of technology　技术史　01.055
holism　整体论　03.415
holistic medicine　整体医学　04.319
holist view of nature　整体论自然观　02.018
homeostasis　稳态　04.308
homosexuality　同性恋　04.359
horticulture under structure　设施园艺　04.274
human being must conquer nature　人定胜天　01.260
human geography　人文地理　03.651
humanism　人本主义　03.734
humanist fix　人文照射　04.025
humanistic view of nature　人本主义自然观　02.016
humanization of technology　技术的人道化　04.023
humanized nature　人化自然　02.023
humanized technology　人道化的技术　04.024
human life　人的生命　04.309
human-machine system　人-机系统　03.728
human nature　人性　02.022
Humean analysis of causality　休谟的因果性分析　03.213
Humean problem　休谟问题　03.280
hylozoism　物活论　02.247
hypercycle theory　超循环理论　04.137
hypothesis　假说　03.193
hypothesis-deduction method　假说-演绎法　05.179
hypothesis in experiment　实验假说　05.234
hypothesis in observation　观察假说　05.233
hypothesis in theory　理论假说　05.235
hypothesis in working　工作假说　05.232

I

idea　理念　02.211
ideal experiment　理想实验　05.199
idealism　唯心主义, *唯心论　01.241
idealism in physics　物理学唯心主义　01.291

idealization method 理想化方法 05.200
ideal model 理想模型 05.212
ideals of natural order 自然序理想 03.474
identity and struggle of contradiction 矛盾的统一性和斗争性 01.164
"I" exist simultaneously with heaven and earth, all things unite with me 齐物我 02.170
image 相 02.153
imageless thinking 无意象思维 03.744
image of science 科学的形象 03.009
image thinking 形象思维 05.254
imitation 模仿 02.214
imitative experiment 模拟实验 05.094
immutability of species 物种不变性 03.686
implement of knowledge 认识工具 05.018
implement of thinking 思维工具 05.019
implicate order 隐序 03.580
implicit definition 隐定义 03.129
implicit order 隐序 03.108
incommensurability 不可通约性 03.444
incomplete induction 不完全归纳 05.164
incompleteness of theories 理论的不完备性 03.187
incorrigibility of data 数据的不可更改性 03.162
indeterminacy of reference 指称的不确定性 03.222
indeterminism 非决定论 03.547
Indian philosophy of nature 印度自然哲学 02.005
indicators of scientific growth 科学增长指标 06.047
indirect experiment 间接实验 05.088
indirect measurement 间接测量 05.059
indirect proof 间接证明 05.191
individuation 个体化 02.094
indivisibility 不可分性 03.097
induction 归纳 03.278
inductionism 归纳主义 03.287
inductive demonstration 归纳论证 05.173
inductive generalization 归纳概括 03.282
inductive justification 归纳辩护 03.284
inductive logic 归纳逻辑 03.279
inductive method 归纳法 01.276
inductive paradox 归纳悖论 03.289
inductive probability 归纳概率 03.283
inductive problem 归纳问题 03.281
inductive reasoning 归纳推理 05.161
inductive-statistical model of explanation 说明的归纳-统计模型 03.321
industrial engineering 工业管理学 04.111
industrialism 工业主义 04.108
industrialist 工业主义者 04.109
industrialization 工业化 04.107
industrialized production in agriculture 农业工厂化 04.268
industrial psychology 工业心理学 04.110
Industrial Revolution 工业革命 04.106
industrial society 工业社会 06.024
inference 推理 01.224, 推论 03.236
inference to the best explanation 达到最佳说明的推论 03.241
infinite 无限 03.088
infinite empty space cosmology 宣夜说 02.181
infinite great 大一 02.137
infinite of space 空间的无限性 01.115
infinite of time 时间的无限性 01.109
infinitesimal analysis 微元分析 05.149
infinite small 小一 02.141
inflationary universe 暴胀宇宙 03.607
informal description 非形式描述 03.232
informal rationality 非理性主义 03.346
information 信息 01.102
Information Age 信息时代 01.063
informational society 信息社会 06.026
information dimension 信息维数 04.186
information explosion 信息爆炸 01.103
information library 信息库 04.171
information method 信息方法 05.286
information processing theory 信息加工理论 03.727
information science 信息科学 04.169
information theory 信息论 04.168
informed consent 知情同意 04.333
inherent negativeness of motion process in nature 自然界运动过程的内在否定性 01.188
inherent quality of things 性 02.152
innovation 创新 04.113
inseparability 不可分离性 03.095

insight　顿悟　03.742
inspiration　灵感　03.741
institutionalization of science　科学的制度化　06.046
instrumentalism　工具主义　03.377
instrumentalism of technology　技术的工具论　04.030
instrumentalist interpretation of theories　理论的工具主义解释　03.335
instrumental judgement of value　价值的工具性判断　03.513
instrumental rationality　工具合理性　04.026
instrumental reason　工具理性　04.027
instrumental theory of technology　工具主义技术论　04.028
instrumental value　工具价值　04.029
integrated pest control in agriculture　农业综合防治　04.287
integration　整合　02.284
intellectual property　知识产权　06.019
intelligence structure　智力结构　03.736
intentional realism　意向实在论　02.063
interaction　相互作用　01.148
interaction between heaven and mankind　天人感应　01.261
internalist methodology　内部方法　06.075
internalization of reason　理由的内在化　03.238
internal realism　内在实在论　02.057
interpretation　解释，＊诠释　03.331
interpretation of formalisms　形式系统的解释　03.332
intertheoretic reduction　理论间还原　03.189
intertheoretic relation　理论间关系　03.185
intrinsic stochasticity　内在随机性　04.156
introspection　内省　03.743
intuition　直觉　02.269
intuitionalism　直觉主义　03.519
intuitional paradox　直觉悖论　03.290
intuitionism　直觉主义　03.519
intuitionist logic　直觉主义逻辑　03.257
intuition thinking　直觉思维　03.740
invention　发明　04.112
invisibles college　无形学院　06.062
Iron Age　铁器时代　01.058
irrationality　非理性　03.456
irreducibility　不可还原性　02.270
irrelevance problem of explanation　说明的不相干问题　03.316
irreversibility　不可逆性　03.099
irrigating farming　灌溉农业　04.259
island universe　宇宙岛　03.605
isostasy hypothesis of the earth　地壳均衡说　03.641
isotropy　各向同性　02.049

J

J. S. Mill’s five methods　米耳五法　05.167
Jing Qi　精气　02.150
joint method of agreement and difference　求同求异共用法　05.170
judgement　判断　01.223
justification　辩护　03.337
justificationism　辩护主义　03.339

K

KAM theorem for nearly integrable system　近可积系统的 KAM 定理　03.562
know-how　诀窍　04.114
Kuhnean loss　库恩损失　03.449
Kyburg paradox　凯伯格悖论　03.296

L

land ethics 大地伦理学 04.235
landscape 景观 03.648
language 语言 03.112
language game 语言游戏 03.116
language of thought 思想的语言 03.115
Laplace's demon 拉普拉斯妖 03.070
large number hypothesis 大数假设 03.611
lateral thinking 侧向思维 05.260
law 规律 01.173, 理 02.151
lawlikeness 拟定律性 03.170
law of abstract consilience with concrete 抽象具体一致律 01.209
law of concrete identity 具体同一律 01.204
law of conformity of production relations to the state of productive forces 生产关系适应生产力发展状况的规律 01.195
law of conformity of superstructure to the state of economic basis 上层建筑适应经济基础发展状况的规律 01.196
law of continuity 连续律 02.258
law of contradiction 矛盾律 01.200
law of contradiction between differentiation and synthesis in scientific development 科学发展的分化与综合的矛盾运动规律 01.218
law of coordinate development of science, technology, economy and society 科学、技术、经济、社会的协调发展规律 01.219
law of dialectical thinking 辩证思维规律 01.203
law of dialectics of nature 自然辩证法规律 01.183
law of diminishing return of land 土地报酬递减律 04.271
law of dynamic transformation 能动转化律 01.206
law of excluded middle 排中律 01.201
law of general thinking 普通思维规律 01.198
law of identity 同一律 01.199
law of logic consilience with history 逻辑历史一致律 01.208
law of materialist dialectics 唯物辩证法的规律 01.177
law of minimum nourishment 最小养分律 04.273
law of motion of contradiction among various kinds of scientific theories and points of view 不同科学理论、观点的矛盾运动规律 01.216
law of motion of contradiction between science and social practice 科学与社会实践的矛盾运动规律 01.214
law of motion of contradiction between scientific theory and observation or experimental facts 科学理论与观察及实验事实的矛盾运动规律 01.215
law of motion of contradiction between succeed and critique of science 科学的继承与批判的矛盾运动规律 01.217
law of mutual change of quality and quantity 质量互变规律 01.179
law of nature 自然律 03.168
law of overall synthesis 总体综合律 01.205
law of periodic development 周期发展律 01.207
law of science and technology development 科学技术发展的规律 01.210
law of social development 社会历史运动规律 01.194
law of sufficient reason 充足量由律 01.202
law of the negation of negation 否定之否定规律 01.180
law of thinking 思维规律 01.197
law of unity of opposites 对立统一规律 01.178
legislation of science and technology 科技立法 06.005
letting a hundred flowers blossom and a hundred schools of thought contend 百花齐放,百家争鸣 01.266
level 层次 03.084
levels of celestial universe 天体层次 03.606
level thinking 水平思维 05.257
lexicon 词典 03.448
Li 理 02.151
Liang Yi 两仪 02.143

life 生命 03.653
lifeboat ethics 生命之舟伦理学 04.239
life system theory 生命系统理论 04.138
limit cycle 极限环 04.163
limits to growth 增长的极限 04.241
limit torus 极限环面 04.164
linguistic analysis 语言学分析 03.117
linguistic convention 语言学约定 03.118
linguistic turn of philosophicus 科学哲学的语言学转向 02.122
liquidationism 取消主义 01.302
little science 小科学 06.035
living hierachy 生命等级 03.075
living system 生命系统 03.654
locality 定域性 03.106
logical atomism 逻辑原子论 03.273
logical construct 逻辑构造 03.268
logical empiricism 逻辑经验论 02.111
logical methods 逻辑方法 05.133
logical notation 逻辑记号 03.266
logical omniscience 逻辑万能 03.271
logical paradox 逻辑悖论 05.196
logical positivism 逻辑实证论 02.110
logical probability 逻辑概率 03.269
logical realism 逻辑实在论 02.055
logical reconstruction 逻辑重建 03.270
logical vocabulary 逻辑词汇 03.267
logicism 逻辑主义 03.272
logic of artificial language 人工语言逻辑 01.036
logic of natural language 自然语言逻辑 01.035
logic of science 科学逻辑学 01.046
logos 逻各斯 02.200
looks 相 02.153
lottery paradox 抽彩悖论 03.297
love and hate 爱与争 02.204
Luddism 勒德主义 04.032
Luddites 勒德派 04.031
Ludditism 勒德主义 04.032
Lyapunov exponent 李雅普诺夫指数 04.188
Lyapunov stability theory 李雅普诺夫稳定性理论 04.166

M

Machean positivism 马赫实证论 02.107
Machean Society 马赫学会 02.114
machine tool of building block type 积木式机床 01.269
Machism 马赫主义 01.292
macrocosm 大宇宙 02.243
macro-explanation 宏观说明 03.325
macroscopic 宏观 01.082
macroscopic orientation 宏观取向 06.076
magic 巫术 03.022
magic medicine 巫医 04.320
Malthusism 马尔萨斯主义 01.287
management of science and technology 科学技术管理 06.010
management science 管理科学 01.071
management science of science and technology 科学技术管理学 01.048
man-land relationship 人地关系 03.650
man-machine control system 人-机控制系统 04.183
manpower in science 科学中的人力 06.060
manufactured nature 人造自然 02.026
many-direction thinking 多向思维 05.259
many-world theory 多世界理论 03.587
Mao-particle 毛粒子 01.267
marginal science 边缘科学 01.044
"market-pull" model of innovation 创新的"市场牵引模式" 06.087
mass 质量 02.045
material 物料 01.097
material cause 质料因 02.217
material error 材料误差 05.112
materialism 唯物主义，*唯物论 01.236
materialist conception of history 唯物史观 01.008
material model 物质模型 05.210
material unity of the world 世界的物质统一性 01.095
mathematical beauty 数学美 03.537

mathematical conjecture 数学猜想 03.536
mathematical experiment 数学实验 03.532
mathematical imitation 数学模拟 05.226
mathematical induction 数学归纳法 03.534
mathematicalization of nature 自然的数学化 02.030
mathematical logic 数理逻辑 03.253
mathematical method 数学方法 05.225
mathematical model 数学模型 03.531
mathematical paradox 数学悖论 03.525
mathematics-experiment method 数学-实验法 05.082
matter 物质 01.091
matter and consciousness 物质和意识 01.228
matter wave 物质波 02.053
Matthew effect 马太效应 06.037
mature science 成熟科学 03.433
Maxwell demon 麦克斯韦妖 03.071
measurement problem 测量问题 03.566
mechanical materialism 机械唯物主义 01.238
mechanical motion 机械运动 01.136
mechanical philosophy 机械论哲学 03.036
mechanical picture of world 力学世界图景 02.034
mechanical theory of heat 热的运动说 03.558
mechanical view of nature 机械自然观 02.011
mechanical view of time and space 机械论的时空观 01.117
mechanism 机械论 01.278
mechanization 机械化 04.115
mediation 中介 01.145
medical ethics 医学伦理学 04.322
medical logic 医学逻辑学 04.316
medical paternalism 医学家长主义 04.332
medical psychology 医学心理学 04.318
medical sociology 医学社会学 04.317
medicine 医学 04.299
megamachine 巨型机器 04.034
mental experiment 心理实验 03.692
mentalism 精神论，*精神主义 03.702
mental object 精神客体 05.017
mental state 心理状态 03.693
meta-discourse 元话语 03.490
Metagalaxy 总星系 03.604
meta-language 元语言 03.113
metamathematics 元数学 03.518
meta-narrative 元叙述 03.493
metaphilosophy 元哲学 03.023
metaphor 隐喻 03.494
metaphor method 隐喻法 05.203
metaphysical blueprint 形而上学蓝图 03.462
metaphysical realism 形而上学实在论 02.058
metaphysical view of nature 形而上学自然观 02.013
metaphysics 形而上学 01.002
metaphysics of technology 技术的形而上学 04.035
meta-science 元科学 03.005
method 方法 05.004
method error 方法误差 05.114
method of agreement 求同法 05.168
method of agreement-difference 求同差异法 03.286
method of astronomy 天文学方法 03.602
method of black box 黑箱方法 05.284
method of concomitant variation 共变法 05.171
method of cybernetics 控制论方法 05.287
method of difference 求异法 05.169
method of elementary abstraction 元抽象法 05.186
method of exhaustion 穷举法 05.163
method of imagery 形象化方法 05.202
method of residues 剩余法 05.172
methodological anarchism 方法论无政府主义 03.453
methodological argument for realism 实在论的方法论论据 02.068
methodological individualism 方法论的个体论 02.093
methodological norm 方法论规范 02.095
methodological solipsism 方法论的唯我论 02.092
methodology 方法论 01.017
methodology of science and technology 科学技术方法论 05.009
Michurin School 米丘林学派 01.304
microcosm 小宇宙 02.244
micro-cycle 微循环 01.168
micro-explanation 微观说明 03.326
micro-reduction 微观还原 03.145
microreproduction technology 植物微繁殖技术

04.292
microscopic 微观 01.083
microscopic orientation 微观取向 06.077
middle experiment 中间实验 05.089
middle test 中间试验 05.090
Milesian School 米利都学派 02.194
mind 心灵 02.251
mind-body problem 心身问题 03.720
mineral exploration philosophy 矿产勘查哲学，＊找矿哲学 03.645
mobilism 活动论 03.638
modal logic 模态逻辑 03.255
model 模型 05.206
model group 模型组 05.224
model of image 形象模型 05.217
model of medicine 医学模式 04.301
model of straton 层子模型 01.268
modern agriculture 近现代农业 04.258
modern philosophy of nature 现代自然哲学 02.006
modus tollens 否定后件推理 03.240
monadology 单子论 02.256
monism 一元论 01.233
monotechnics 单一技术 04.036
Morganian School 摩尔根学派 01.305
motion 运动 03.055
motion and standstill 运动和静止 01.131
motion of nature 自然运动 01.133
motion of society 社会运动 01.134
motion of thinking 思维运动 01.135
mulching cropping 覆盖载培 04.282
multidimensional space 多维空间 01.114
multiple cropping 多熟种植 04.284
multiple discoveries 多重发现 06.069

N

naive falsificationism 素朴证伪主义 03.386
naive realism 素朴实在论 03.048
nanotechnology 纳米技术 04.116
narrative 叙述 03.492
native materialism 朴素唯物主义 01.237
natural classification 自然分类 05.138
natural cognition 自然认知 03.473
natural history 自然史 03.078
naturalism 自然主义 03.469
naturalism approach to discovery 发现的自然主义进路 03.476
naturalistic conception of definitions 自然主义的定义观 03.478
naturalistic fallacy 自然主义谬误 03.477
naturalistic theory of reference 自然主义的指称理论 03.479
naturalist psychology 自然主义心理学 03.703
naturalist realism 自然主义实在论 02.059
naturalization 自然化 03.471
natural kind 自然类 03.470
natural language 自然语言 05.022
natural magic 自然巫术 02.241
natural model 天然模型 05.208
natural motion 天然运动 02.223
natural object 自然客体 05.015
natural observation 自然观察 05.070
natural ontological attitude 自然本体论态度 03.472
natural place 天然位置 02.224
natural sciences 自然科学 01.030
natural selection 物竞天择 02.180，自然选择 03.079
natural substance 自然物 02.027
natural theology 自然神论 02.262
natural world 自然界 02.028
natura naturans 创造自然的自然 02.230
natura naturata 被自然创造的自然 02.231
nature 自然 02.020
nature of things comes from “Xuan” 太玄 02.171
Naturphilosophie(德) 德国自然哲学 02.261
near-equilibrium state 近平衡态 04.143
nebular hypothesis 星云假说 02.259
necessary truth 必然真理 03.207
necessity 必然性 03.092
Needham’s problems 李约瑟难题 01.250
“need-pull” model of innovation 创新的“需要牵引

模式” 06.084
negative heuristic 反面启发法 03.406
neglect of experiment 对实验的忽视 03.466
Neng 能 02.157
neo-Darwinism 新达尔文主义 01.283
neo-Kantism 新康德主义 01.290
neo-Ludditism 新勒德主义 04.033
neonatal ethics 新生儿伦理学 04.343
neoplatonic school 新柏拉图学派 02.226
neo-realism 新实在论 02.064
neptunism 水成论 03.626
network of problem 问题网络 05.044
network theory 网络理论 04.179
neuro-philosophy 神经哲学 03.749
neurosis 神经感动 03.750
neutrality of technology 技术的中立性 04.037
new normal science 新常规科学 03.443
new science 新科学 04.038
new technology 新技术 04.039
Newton's view of time and space 牛顿时空观 01.118
noetic sciences 思维科学 01.032
nominal essence 名的本质 03.039
nominalism 唯名论 03.038
nominatum 指称 03.040
"no miracles" argument for realism 实在论的“没有奇迹”论据 02.067
nonbeing 无 02.124
non-classical logic 非经典逻辑 03.259
non-consistent logic 不协调逻辑 03.263
non-cumulative science 非累积的科学 03.451
non-Darwinism 非达尔文主义 01.284
nondeductivity of theory from observation 理论从观察的不可演绎性 03.191
non-experimental standards of theory acceptance 理论接受的非实验标准 03.182
nonlinear dynamics 非线性动力学 03.563
nonlinear interaction 非线性相互作用 04.150
nonlinear science 非线性科学 04.187
nonlocality 非定域性 03.107
non-logical thinking 非逻辑思维 05.252
nonmaleficence 不伤害 04.328
non-neutrality of technology 技术的非中立性 04.040
non-normal discovery 非常规发现 05.038
non-normal science 非常规科学 03.441
non-rationalism 非理性主义 01.249
non-realism 非实在论 02.078
noosphere 智慧圈 04.204
normal discovery 常规发现 05.037
normal experiment 常规实验 05.096
normal observation 常规观察 05.068
normal science 常规科学 03.432
normative epistemology 规范认识论 02.090
normative naturalism 规范自然主义 03.475
no-tillage system 免耕法 04.285
nous 努斯 03.721
nuclear agriculture 核农学 04.281
numberology 数秘术 02.242
n-value logic *n* 值逻辑 03.261

O

object 客体，*对象 03.042
objective dialectics 客观辩证法 01.003
objective idealism 客观唯心主义 01.243
objective law 客观规律 01.175
objective reality 客观实在 02.037
objective reality in matter world 实有 02.178
objectivism 客观主义 03.041
objectivity 客观性 03.043
objectivity of contradiction 矛盾的客观性 01.162
objectivity of law 规律的客观性 01.174
objectivity of physical theory 物理学理论的客观性 03.582
objectivity of space 空间的客观性 01.112
objectivity of time 时间的客观性 01.108
object of knowledge 认识客体 05.013
object of observation 观察对象 05.063
observability 可观察性 03.158
observation 观察 03.156
observational language 观察语言 05.066
observational statement 观察陈述 05.065

observational terms　观察术语　03.157
observational-theoretical distinction　观察-理论区分　03.155
observation of use instrument　仪器观察　05.073
observation of use senses　感官观察　05.072
observation sentence　观察句　03.159
observer　观察者　05.060
obstructions in thinking　思维障碍　05.264
ocean farming and animal husbandry　海洋农牧场　04.297
Ogburn's School　奥格本学派　06.089
one divides into two　一分为二　02.160
ontological ambivalence　本体论矛盾心理　03.032
ontological commitment　本体论承诺　03.033
ontologicalization of nature　自然的本体化　02.031
ontology　本体论　03.031
ontology of technology　技术本体论　04.041
open future　开放的未来　02.273
operant psychology　操作心理学　03.706
operational definition　操作定义　03.130
operationalism　操作主义　03.376
operation in experiment　实验操作　05.131
opposite to Neng　式　02.156
optimism on science and technology　科学技术乐观主义　01.315
optimum plant type　理想株型　04.289
optimum principle　最优原理　01.193
order　有序　03.089, 序　04.131
ordered structural principle　系统层次律　01.184
orderliness　理　02.151
order out of chaos　混沌生序　02.286
order parameter　序参量　04.148
organic agriculture　有机农业　04.261
organicism　机体论　03.673
organic view of nature　有机自然观　02.008
organism　有机论　03.657
organized whole　有机整体　03.081
organ transplantation ethics　器官移植伦理学　04.353
orientation principle　方向原理　01.192
original neptunism　原始水成论　03.619
original noumenon　无极　02.136
original plutonism　原始火成论　03.620
origin of agriculture　农业起源　04.255
orthogenesis　直生论　03.660
ostensive definition　实指定义　03.131
outer space experiment　太空实验　05.099
outside itself　自身的外在　02.266
oxidation theory of combustion　燃烧的氧化理论　03.591

P

pangenesis　泛生论　03.663
pan-system theory　泛系理论　04.141
pantheism　泛神论　02.246
para-consistent logic　次协调逻辑　03.260
paradigm　范式　03.434
paradox　悖论　05.195
paradox in meaning　意义悖论　05.197
parameter system theory　参量型系统理论　04.136
parapsychology　心灵学　03.724
partial definition　部分定义　03.132
partial interpretation　部分解释　03.333
partial qualitative change　部分质变　01.157
partial quantitative change　部分量变　01.156
participation　分有　02.213
particles of matter　物质微粒　02.051
passive euthanasia　被动安乐死　04.351
patent　专利　06.106
patient autonomy　病人自主权　04.334
patients rights　病人权利　04.330
pattern of scientific development　科学发展模式　06.057
pattern recognition　模式识别　03.732
Pavlov's theory　巴甫洛夫学说　01.129
pedagogics of science　科学教育学　01.053
peer review　同行评议　06.066
perception communication　知觉交流　03.725
perceptual concrete　感性的具体　05.181
perceptual structure　知觉结构　03.726
periodicity of change and development in nature　自然界变化发展的周期性　01.189

periodic law of chemical elements 化学元素周期律 03.592
perpetual motion machine 永动机 03.559
personal error 人员误差 05.118
personalist probability 私人概率 03.304
perspectivism 透视主义 03.484
pessimism on science and technology 科学技术悲观主义 01.317
petroleum agriculture 石油农业 04.265
phase 相 02.153
phase transition 相变 01.158
phenomenalism 现象论 03.029
phenomenal realism 现象实在论 03.050
phenomenological law of nature 自然的现象律 03.169
phenotype 表[现]型 03.683
philosophical atomism 哲学原子论 03.028
philosophical interpretation of quantum mechanics 量子力学的哲学诠释 03.564
philosophical problems of natural sciences 自然科学哲学问题 01.025
philosophical psychology 哲学心理学 03.690
philosophy 哲学 01.014
philosophy of agricultural science 农业科学哲学 04.242
philosophy of agronomy 农学哲学 01.027
philosophy of astronomy 天文学哲学 03.601
philosophy of biology 生物学哲学 03.652
philosophy of chemistry 化学哲学 03.588
philosophy of Chinese medicine 中医哲学 04.313
philosophy of ecology 生态学哲学 01.026
philosophy of engineering 工程哲学 04.117
philosophy of environmental sciences 环境科学哲学 04.192
philosophy of experiment 实验哲学 03.463
philosophy of geoscience 地学哲学 03.616
philosophy of mathematics 数学哲学 03.516
philosophy of medicine 医学哲学 04.300
philosophy of mind 心灵哲学 03.689
philosophy of nature 自然哲学 02.001
philosophy of physics 物理学哲学 03.538
philosophy of psychology 心理学哲学 03.688
philosophy of science 科学哲学 03.001
philosophy of science and technology 科学技术哲学 01.013
philosophy of social sciences 社会科学哲学 03.504
philosophy of system 系统哲学 04.123
philosophy of technology 技术哲学 04.042
phlogiston theory 燃素说 03.590
physica 物理学 02.216
physical entity 物理实体 03.542
physical intelligibility 物理的可理解性 03.583
physicalism 物理主义 03.137
physicalism language 物理主义语言 03.138
physical motion 物理运动 01.137
physical revolution 物理学革命 03.541
physical thing language 物理的物的语言 03.139
physician-patient relationship 医患关系 04.329
picture of nature 自然图景 02.032
picture of world 世界图景 02.033
picture theory 图像理论 02.118
place 处所 02.209
planning experiment 实验规划 05.104
plant microecology 植物微生态 04.288
plant resistance to environment stress 植物抗性 04.293
plate tectonics theory 板块构造说 03.625
Platonism in mathematics 数学柏拉图主义 03.521
plausible inference 似真推理 03.533
pluralism 多元论 01.235
pluralism of theories 理论多元论 03.457
plutonism 火成论 03.627
pneuma 普纽玛 02.228
poetic nature 诗化自然 02.024
policies of science and technology 科学技术政策 06.011
polytechnics 综合技术 04.043
Popper-Miller argument 波普尔-米勒论据 03.396
popularization of scientific knowledge 科学普及 06.048
positive heuristic 正面启发法 03.405
positivism 实证论 02.106
positivist philosophy of science 实证论的科学哲学 02.104
post-empiricist philosophy of science 后经验主义科

学哲学 03.378
post-industrial society 后工业社会，* 工业化后社会 06.025
post-Kuhnean philosophy of science 后库恩的科学哲学 03.485
post-modernism philosophy of science 后现代主义科学哲学 03.486
post-positivist philosophy of science 后实证主义科学哲学 03.379
post-structuralism 后结构主义 03.487
potential falsifier 潜在证伪者 03.384
potentiality 潜能 02.221
power 势 02.155
power of technology 技术权力 04.044
practical materialism 实践唯物主义 01.240
practical proof 实践证明 05.189
practical rationality 实践理性 03.347
pradhana 原质 02.187
pragmatic account of explanation 说明的语用理由 03.361
pragmatics 语用学 03.360
pragmatic technology 实用主义技术论 04.045
pragmatic theory of observation 观察的语用理论 03.362
pragmatic theory of truth 真理的语用理论 03.363
pragmatism 实用主义 03.374
prakrti 自性 02.188
praxiology 实践学 04.046
preconsciousness 前意识 01.124
predicate reductionism 谓词还原论 03.146
prediction 预测 03.409
predictive power 预测力 03.410
pre-established harmony 前定和谐 02.257
preformation 先成论 03.667
preparative experiment 预备性实验 05.100
prescience 前科学 03.004
prescientific modes of explanation 说明的前科学模式 03.317
presocratic natural philosopher 前苏格拉底自然哲学家 02.193
prestige of science 科学权威 06.036
presumed consent 推定同意 04.355
presupposition 预设，* 预假设 03.369
presuppositionism 预设主义 03.370
pretense for interpretation 解释的托辞 03.334
pre-value claims 前价值主张 03.514
primary quality 第一性的质 02.253
primary value claims 初始价值主张 03.515
primitive agriculture 原始农业 04.256
principle of beneficence 有利原则 04.324
principle of choice 选题原则 05.053
principle of conservation of transformations 转化守恒律 01.185
principle of control 对照性原则 05.123
principle of cyclical development 循环发展律 01.186
principle of entropy increasing 熵增加原理 04.159
principle of justice 公正原则 04.326
principle of least entropy producing 熵最小原理 04.158
principle of mediocrity 平庸原理 03.613
principle of model 模型化原则 05.281
principle of observability 可观察性原理 05.061
principle of optimization 最优化原则 05.282
principle of polarity 极性原理 02.263
principle of randomization 随机性原则 05.127
principle of respect 尊重原则 04.325
principle of solidarity 互助原则 04.327
principle of symmetrical conservation of molecular orbits 分子轨道对称守恒原理 03.597
principle of verification 证实原理 03.121
principle of whole 整体性原则 05.280
priority 优先权 06.043
private language 私人语言 03.114
probabilistic explanation 概率主义说明 03.327
probabilistic law of nature 概率[的]自然律 03.308
probability 概率 03.299
probability as chance 作为机遇的概率 03.301
probability as degree of belief 作为信念度的概率 03.303
probability implication 概率蕴涵 03.307
problem-conscious 问题意识 05.050
problem in science 科学问题 05.042
problem-shift 问题转换 05.048
problem-solving 问题解决 05.049

procedures of observation 观察程序 05.062
process 过程 01.169
process philosophy 过程哲学 01.171
process view of nature 过程自然观 02.015
productive technology 生产技术 06.090
productive thinking 产生式思维 03.738
productivity of scientists 科学家的生产率 06.059
professionalization of scientific research 科学研究的职业化 06.052
prognostics 预测科学 01.073
progressive research programme 进步的研究纲领 03.411
proletarian-cultural school 无产阶级文化派 01.300
proliferation of theories 理论增生 03.455
proof 证明 05.188
proof from efficient cause 动力因证明 02.234
proof from motion 运动证明 02.233
proof from necessity and possibility 必然性与可能性证明 02.235
proof from the degrees of perfection 完美程度证明 02.236
proof from the order of the universe 宇宙秩序证明 02.237
proofs of God's existence 上帝存在的证明 02.232
proposition attitude 命题态度 03.228
proposition function 命题函项 03.229
pro-technology 亲技术 04.047
protection of agricultural environment 农业环境保护 04.275
protective belt 保护带 03.401
protocol proposition *记录命题 03.160
protocol sentence 记录句 03.160
protocol statement *记录陈述 03.160
prototype 原型 05.205
pseudo-science 伪科学 03.019
psychoanalysis 精神分析 03.713
psycholinguistics 心理语言学 03.698
psychological autonomy 心理自主性 03.696
psychological individualism 心理个人主义 03.697
psychological reductionism 心理还原论 03.699
psychologism 心理主义 03.695
psychology of child 儿童心理学 01.128
psychology of discovery 发现的心理学 03.450
psychology of science 科学心理学 01.050
psychophysics 心理物理学 03.700
psychosomatic medicine 心身医学 04.315
punctuated equilibria theory 间断平衡论 03.665
puzzle solving 解决疑难 03.437
Pythagorean School 毕达哥拉斯学派 02.198

Q

Qi 气 02.148
Qi Hua 气化 02.175
Qi Hua Liu Xing 气化流行 02.176
Qi of Yin and Qi of Yang change continuously with five elements (Wu Xing) 气化流行 02.176
Qi Wu 齐物 02.169
Qi Wu Wo 齐物我 02.170
Q-properties Q性质 03.584
qualitative analysis 定性分析 05.141
qualitative change 质变 01.155
qualitative experiment 定性实验 05.083
qualitative model 定性模型 05.222
quality of life 生命质量 04.344
quantitative analysis 定量分析 05.142
quantitative change 量变 01.154
quantitative experiment 定量实验 05.084
quantitative model 定量模型 05.223
quantum logic 量子逻辑 03.262
quark confinement 夸克禁闭 03.054
quasi-empiricism in mathematics 数学拟经验论 03.524
quintessence of universe 太极 02.135

R

random allocation　随机分配　05.129
random error　随机误差　05.119
random experiment　随机实验　05.097
randomness　随机性　03.110
random sampling　随机抽样　05.128
rationalism　理性主义　01.248，唯理论　01.277
rationality　合理性　03.344
rationalization　理性化　06.023
rational justification　合理的辩护　03.341
rational proof　合理的证明　03.343
rational psychology　理性心理学　03.701
rational reconstruction　理性重建　03.348
raven paradox　乌鸦悖论，*渡鸦悖论　03.292
real essence　实在的本质　02.076
realism　实在论　03.047
realism about theories　关于理论的实在论　02.066
realism in mathematics　数学实在论　03.522
realist interpretation of quantum mechanics　量子力学的实在论诠释　03.565
reality　实在　02.071
real-value claims　实在价值主张　02.077
reason　理由　03.237
reasoning　推理　01.224
received view　公认观点　02.119
receptacle　接受者　02.215
reconstructionism　重建主义　03.349
reduction　还原　03.142
reductionism　还原论，*简化论　03.141
reductionist view of nature　还原论自然观　02.019
reduction levels　还原层次　03.144
reduction sentence　还原句　03.143
reduction statement　*还原陈述　03.143
reduction to absurdity　归谬法　05.194
redundant causality　冗余因果性　03.217
reference　指称　03.219
reference as epistemic access　作为认识进路的指称　03.223
reflexivity　自反性，*反身性　03.277
refutation　反驳　05.193
regressive evolution　退行进化　03.659
reification　物化　04.048
rejection of a theory　理论的拒斥　03.183
relational realism　关系实在论　02.065
relationship-mapping-inversion　关系映射反演　03.535
relative error　相对误差　05.110
relative frequency interpretation of probability　概率的相对频率解释　03.302
relative motion　相对运动　03.057
relative space　相对空间　03.061
relative time　相对时间　03.063
relativism　相对主义　03.367
relativistic view of time and space　相对论的时空观　01.119
relativity of space and time　时空的相对性　03.552
relevance logic　相干逻辑　03.264
religions views of nature　宗教神学自然观　01.232
remote sensing in agriculture　农业遥感　04.277
repeatability principle　重复性原则　05.130
repeated experiment　重复性实验　05.092
replication of experiment　实验的重复　03.465
representation　表象　03.482
representationalism　表象主义　03.483
representational theory of mind　心灵的表象理论　03.722
reproductive ethics　生殖伦理学　04.336
research and development　研究和发展　06.027
research of creativity　创造力研究　03.737
research program　研究纲领　06.104
research programme　研究纲领　03.398
research tradition　研究传统　03.461
resolution of problem　问题分解　05.047
resonance　共振　03.051
respect knowledge, respect talent　尊重知识,尊重人才　01.271
retroactive reasoning　反溯推理　03.242
revealing　展现　04.015
reversed thinking　逆向思维　05.261

reversibility 可逆性 03.098
right-brain revolution 右脑革命 03.748
right to die 死亡权利 04.348
risk assessment 风险评估 04.118
robot 机器人 04.119
role of experiment 实验的作用 03.464
Russell paradox 罗素悖论 03.288

S

Sakata model 坂田模型 01.309
Samkhya 数论 02.191
sampling error 抽样误差 05.116
sanctity of life 生命神圣性 04.345
scepticism 怀疑论 01.247
schema 图式 01.126
schema of cognition 认知图式 01.127
Schlick Circle 石里克小组 02.113
school of dialectism 辩证论派 01.298
school of mechanism 机械论派 01.297
schools in science 科学学派 06.053
Schroedinger's cat 薛定谔猫 03.575
science 科学 01.029
science and technology are primary productive force 科学技术是第一生产力 01.270
science and technology determinism 科学技术决定论 01.314
science-material 科学资料 05.054
science of behavior 行为科学 01.078
science of leadership 领导科学 01.074
science of policymaking 决策科学 01.072
science of science 科学学 01.019
science, technology and society 科学、技术与社会 06.001
scientific abstraction 科学抽象 05.184
scientific advancement 科学进展 03.012
scientific and technical literature 科技文献 06.017
scientific and technological institution 科学技术体制 06.004
scientific and technological progress 科学技术进步 06.015
scientific and technological revolution 科学技术革命 06.016
scientific anthropology 科学人类学 06.013
scientific association 科学联想 05.266
scientific attitude 科学态度 06.031
scientific center 科学中心 06.054
scientific change 科学变革 03.014
scientific community 科学共同体 03.431
scientific conception of the world 科学世界观 03.133
scientific consciousness 科学意识 06.030
scientific controversy 科学争论 03.015
scientific creation 科学创造 05.250
scientific creativity 科学创造力 06.040
scientific culture 科学文化 06.029
scientific description 科学描述 05.240
scientific discovery 科学发现 05.036
scientific elite 科学精英 06.039
scientific epistemology 科学认识论 02.085
scientific experience 科学经验 05.028
scientific experiment 科学实验 05.079
scientific explanation 科学解释 05.243
scientific fact 科学事实 05.032
scientific faith 科学信念 03.013
scientific fantasy 科学幻想 05.268
scientific fund 科学基金 06.058
scientific hypothesis 科学假说 05.231
scientific imagination 科学想象 05.267
scientific induction 科学归纳 05.166
scientific information 科学情报 06.056
scientific inspiration 科学灵感 05.270
scientific instrument 科学仪器 05.020
scientific intuition 科学直觉 05.269
scientific invention 科学发明 05.039
scientific knowledge 科学认识 05.010
scientific language 科学语言 05.021
scientific literacy 科学素养 06.032
scientific literature 科学文献 05.055
scientific logic 科学逻辑 03.249
scientific materialism 科学唯物论 03.034
scientific measurement 科学测量 05.057

scientific method 科学方法 05.005
scientific methodology 科学方法论 05.007
scientific model 科学模型 05.207
scientific observation 科学观察 05.056
scientific optimism 科学乐观主义 06.022
scientific pessimism 科学悲观主义 06.021
scientific policy 科学政策 06.045
scientific practice 科学实践 05.027
scientific prediction 科学预见 05.247
scientific progress 科学进步 03.011
scientific rationality 科学合理性 03.345
scientific realism 科学实在论 02.054
scientific reasoning 科学推理 03.235
scientific research 科学研究 05.001
scientific revolution 科学革命 03.439
scientific spirit 科学精神 03.016
scientific symbol 科学符号 05.026
scientific-technical rationality 科学技术合理性 04.049
scientific test 科学试验 05.077
scientific theory 科学理论 05.238
scientific view of nature 科学自然观 02.010
scientism 科学主义 01.313
scientist community 科学家共同体 06.061
scientometrics 科学计量学 06.041
scope of a law 定律的范围 03.171
scope of a theory 理论的范围 03.184
screening test 筛选试验 05.101
seamless web 无缝之网 06.107
secondary quality 第二性的质 02.254
seed 种子 02.205
self-catalyst and cross-catalyst reaction 自催化和交叉催化反应 03.598
self-organization 自组织 04.146
self-organization theory 自组织理论 04.125
self-referentiality 自指称性 03.220
semantic analysis 语义分析 03.358
semantic incommensurability 语义的不可通约性 03.445
semantic realism 语义实在论 03.355
semantic rules 语义规则 03.351
semantics 语义学 03.350
semantic-syntax distinction 语义-句法区分 03.352
semantic truth 语义真理 03.357
semantic view of theories 语义的理论观 03.356
semiotics 符号学 03.364
sensationalism 感觉论 02.108
separability 可分离性 03.094
sequence error 顺序误差 05.117
sequential analysis 序贯分析 05.153
sequential experiment 序贯实验 05.103
setting-upon 限定 04.052
sex ethics 性伦理学 04.358
shape 式 02.156
shape analysis 形态分析 05.145
Shi 势 02.155, 式 02.156
Shi You 实有 02.178
simple location 简单定位 02.276
simultaneity 同时性 03.553
simultaneous discoveries 同时发现 06.070
singularity 奇性 03.555
singular statement 单称陈述 03.225
situation 势 02.155
situational ethics 境遇伦理学 03.506
situation of problem 问题状况 05.045
Si Xiang 四象 02.144
skeptical spirit 怀疑精神 05.051
slaving principle 役使原理 04.157
social and historical philosophy 社会历史哲学 01.010
social biology 社会生物学 03.687
social construction of technology 技术的社会建构 06.081
social constructivism 社会建构论 03.501
social control of science 科学的社会控制 06.007
social control of technology 技术的社会控制 06.008
social convention 社会约定 03.373
social Darwinism 社会达尔文主义 03.678
social determinism of technology 技术的社会决定论 04.050
social epistemology 社会认识论 03.500
social evolution 社会进化 03.502
social function of science 科学的社会功能 06.002
social function of technology 技术的社会功能

06.003
social goals of science 科学的社会目的 06.050
social impact of invention 发明的社会影响 06.088
social negotiation 社会协商 03.503
social object 社会客体 05.016
social parenthood 社会父母 04.338
social psychology 社会心理学 03.716
social responsibility of scientist 科学家的社会责任 06.051
social sciences 社会科学 01.031
social sphere 社会圈 04.202
social stratification in science 科学中的社会分层 06.064
socio-historical school 社会历史学派 03.429
socio-historical turn of philosophy of science 科学哲学的社会-历史转向 03.428
sociology 社会学 01.023
sociology of energy 能源社会学 06.098
sociology of industry 产业社会学 06.096
sociology of invention 发明社会学 06.097
sociology of knowledge 知识社会学 01.024
sociology of science 科学社会学 06.028
sociology of science and technology 科技与社会, *科学技术社会学 01.022
sociology of scientific knowledge 科学知识社会学 06.018
sociology of technology 技术社会学 06.079
sociotechnical ensembles 社会技术集合 06.111
soft determinism of technology 温和的技术决定论 04.051
soft science 软科学 01.069
soil micromorphology 土壤微形态学 04.291
soil organisms 土壤生物 04.294
solid agriculture 立体农业 04.276
solipsism 唯我论 03.030
sophisticated falsificationism 精致的证伪主义 03.397
space 空间 01.111
space observation 空间观察 05.076
spacetime 时空 03.064
spacetime manifolds 时空流形 03.066
spatialization of time 时间的空间化 03.068
species 物种 03.685
specificity analysis 特性分析 05.144
spectator theory of knowledge 旁观者知识论 02.083
speculative psychology 思辨心理学 03.691
split-brain person 裂脑人 04.311
spontaneous generation 自然发生说 03.661
stable state 稳定状态 04.154
stagnating research programme 停滞的研究纲领 03.413
standing-reserve 持存物 04.008
static 静的 02.271
statistical law 统计规律 03.546
statistical method 统计方法 05.229
statistical probability statement 统计概率陈述 03.227
statistical-relevance model of explanation 说明的统计-相干模型 03.322
steady state 定态 04.152
Steam Engine Age 蒸汽机时代 01.059
stochastic model 随机性模型 05.221
Stoics 斯多葛学派 02.225
Stone Age 石器时代 01.056
strategy for science and technology 科学技术战略 06.012
stratification of scientists 科学家的分层 06.063
strong interaction 强相互作用 01.152
strong verifiability 强可证实性 03.124
structural explanation 结构说明 03.323
structuralism 结构主义 03.707
structural transformation law of the development of science and technology 科学技术发展的结构转换规律 01.213
structure 结构 03.083
structure of matter 物质结构 02.044
structure of problem 问题结构 05.043
structure of scientific revolution 科学革命的结构 03.440
structure of scientific theory 科学理论的结构 03.173
structure of system 系统的结构 04.128
studies of science and technology policy 科学技术政策学 01.047
study physical nature 格物 02.159

study the world 格物 02.159
subconsciousness 下意识 01.125
subject 主体 03.045
subjective activity 主观能动性 01.176
subjective conditionals 主体条件句 03.246
subjective dialectics 主观辩证法 01.004
subjective idealism 主观唯心主义 01.242
subjectivism 主观主义 03.044
subjectivity 主观性 03.046
subject of cognition 能 02.157
subject of knowledge 认识主体 05.011
subjunctive conditionals 假设条件句 03.245
sublation 扬弃 01.182
substance 实有 02.178
substance and field 实物和场 01.229
substantive theory of technology 实质主义技术论 04.053
success of science argument for realism 实在论的科学成功论据 02.069
summary abstraction 概括抽象 05.185
superstition 迷信 03.021
supervaluation logic 超赋值逻辑 03.265
supreme peace and harmony of universe 太和 02.140
Supreme Ultimate 太极 02.135
survival of the fittest 物竞天择 02.180, 适者生存 03.664
sustainable agriculture 持续农业 04.264
sustainable growth 持续增长 04.240
syllogism 三段论 03.251
symbolical language 符号语言 05.025
symbolic dynamics 符号动力学 04.191
symbolic logic 符号逻辑 01.037
symbolic model 符号模型 05.219
symmetry 对称性 03.102
symmetry of breaking 对称破缺 03.104
synectics 群生法 05.274
synergetics 协同学 04.135
syntactic view of theories 关于理论的句法观 03.354
syntax 句法 03.353
synthesis 综合 03.153
synthesis in fact 事实综合 05.158
synthesis in theory 理论综合 05.159
synthetic judgement a priori 先天综合判断 03.026
synthetic methods 综合方法 05.157
synthetic proposition *综合命题 03.154
synthetic sentence 综合句 03.154
synthetic statement *综合陈述 03.154
synthetic theory of evolution 综合进化论 03.677
system 系统 04.121
systematic analysis 系统分析 05.154
systematic error 系统误差 05.120
systematics of science 科学体系学 01.045
systematic view of nature 系统自然观 02.014
systematology 系统学 04.122
system dialectics 系统辩证法 04.185
system dynamics 系统动力学 04.139
system engineering 系统工程 04.182
system method 系统方法 05.279
system of category 范畴体系 01.226
system of earth science 地球科学体系 03.618
system of object 客体系统 05.014
system of subject 主体系统 05.012
system science 系统科学 04.124
system simulation 系统仿真 05.283

T

tacit knowledge 意会知识 03.746
Tai He 太和 02.140
Tai Ji 太极 02.135
“Tai” means supreme, “Yi” means absolute one 太一 02.138
Tai Xu 太虚 02.139
Tai Xuan 太玄 02.171
Tai Yi 太一 02.138
Tai Yin, Tai Yang, Shao Yang, etc. 四象 02.144
Tao 道 02.123
target domain 目标域 03.460
Tarski's theory of truth 塔尔斯基的真理论 03.212
tautology 重言式 03.152
taxonomy 分类学 03.447

taxonomy of science 科学分类 06.042
techne 工艺 02.192
technical invention 技术发明 05.040
technical method 技术方法 05.006
technical method of creation 创造技法 05.271
technical methodology 技术方法论 05.008
technical milieu 技术化环境 04.054
technical reason 技术理性 04.078
technical science 技术科学 01.042
technicism 技术主义 04.055
technique of making pill of immortality 炼丹术 03.599
technocracy 技术统治 04.056
technocratic elite 技术精英 04.065
technoculture 技术文化 04.061
technological anarchy 技术无政府主义 04.057
technological anthropology 技术人类学 06.014
technological artifacts 技术制品 04.058
technological change 技术变迁 04.059
technological choices 技术选择 06.108
technological civilization 技术文明 04.060
technological culture 技术文化 04.061
technological diffusion 技术扩散 06.109
technological drift 技术梦游症 04.063
technological dynamism 技术动力学 06.091
technological dystopia 技术敌托邦 04.064
technological elite 技术精英 04.065
technological fix 技术照射 04.066
technological frame 技术框架 06.110
technological imperative 技术命令 04.067
technological innovation 技术创新 06.083
technological interdependence 技术的相互依存性 06.092
technological knowledge 技术知识 04.068
technological literacy 技术素养 04.069
technological metaphor 技术隐喻 04.070
technological nihilism 技术虚无主义 04.071
technological optimism 技术乐观主义 04.072
technological order 技术秩序 04.073
technological paradigm 技术范式 04.074
technological pessimism 技术悲观主义 04.075
technological progress 技术进步 04.076
technological rationality 技术合理性 04.077
Technological Realm *技术王国 04.018
technological reason 技术理性 04.078
technological regime 技术制度 06.112
technological revolution 技术革命 04.079
technological society 技术社会 06.105
technological sphere 技术圈 04.203
technological style 技术风格 04.080
technological system 技术系统 04.081
technological trajectory 技术轨道 04.082
technological utopia 技术乌托邦 04.083
technological value 技术价值 04.084
technological world 技术世界 04.085
technology 技术 04.086
technology as ideology 作为意识形态的技术 04.088
technology assessment 技术评估 04.087
technology discovery model 技术发明模式 06.094
technology policy 技术政策 06.082
"technology-push" model of innovation 创新的"技术推动模式" 06.095
technomania 技术狂热症 04.090
technophobia 技术恐惧症 04.089
technopolis 技术化社会 04.091
technostructure 技术阶层 04.092
teleological view of nature 目的论自然观 02.017
teleology 目的论 03.671
teleonomy 目的性 03.672
temporal logic 时态逻辑 03.254
tenacity of theories 理论的韧性 03.408
test 检验 03.194
testability 可检验性 03.195
tests for hypothesis 假说的检验 05.237
the argumentation between science and metaphysics 科学与玄学论战 01.264
the basic materials of forming things 能 02.157
the bifurcation of nature 自然的两岔 02.280
the doctrine of Lysenko 李森科主义 01.306
the Eight Trigrams 八卦 02.145
the fact of causation 因果性事实 05.035
the first technical revolution 第一次技术革命 01.065
the Five Elements—metal, wood, water, fire, earth 五行 02.147

the five tiny elements (color, sound, fragrant, taste, touch) 五细微元素 02.190
the Fourth Realm 第四王国 04.018
the Industrial Revolution 产业革命 01.064
the Inquisition 宗教裁判所 01.231
the model of half-experience and half-theory 半经验半理论模型 05.215
the model of half-qualitative and half-quantitative 半定性半定量模型 05.216
the most primitive substance of forming universe 元气 02.149
the nature of Heaven Tao 天道自然 02.132
the new technical revolution 新技术革命 01.068
theological view of nature 神学自然观 02.009
theoretical appraisal 理论评估 03.178
theoretical description 理论描述 05.242
theoretical entity 理论实体 02.075
theoretical evaluation 理论评价 03.177
theoretical explanation 理论解释 05.246
theoretical fact 理论事实 05.034
theoretical improvement 理论改进 03.179
theoretical invention 理论发明 05.041
theoretical language 理论语言 03.174
theoretical medicine 理论医学 04.314
theoretical model 理论模型 05.213
theoretical prediction 理论预见 05.249
theoretical research 理论性研究 05.003
theoretical science 理论科学 01.038
theoretical sentence 理论句 03.175
theoretical system 理论体系 05.239
theoretical term 理论术语 03.176
theory 理论 03.172
theory analysis 理论分析 05.143
theory choice 理论选择 03.180
theory-dependence 理论相依性 03.186
theory-impregnated observation 渗透了理论的观察 03.416
theory-laden data 负载理论的数据 03.418
theory-ladenness 理论负载性 03.419
theory-ladenness of meaning 意义的理论负载性 03.421
theory-ladenness of observation 观察的理论负载性 03.420
theory-laden observation 负载理论的观察 03.417
theory likeliness 准理论性 03.190
theory of atom slanting 原子偏斜说 01.274
theory of autonomous technology 自主技术论 04.006
theory of bio-evolution 生物进化论 01.282
theory of canopy-heavens 盖天说 02.183
theory of chemical bonds 化学键理论 03.595
theory of Chong You 崇有论 02.168
theory of consciousness 意识论 01.121
theory of development 发展理论 01.075
theory of "Du Hua" 独化论 02.167
theory of elements 元素论 02.186
theory of ether 以太说 02.179
theory of evolution 天演论 01.263
theory of expounding appearance in the night sky 宣夜说 02.181
theory of finite universe 宇宙有限说 01.089
theory of geo-evolution 地质进化论 01.281
theory of heat death 宇宙热寂说 01.288
theory of infinite universe 宇宙无限说 01.088
theory of knowledge 知识论 02.080
theory of mantle convection 地幔对流理论 03.624
theory of medical morality 医德学 04.323
theory of number as arche 数本说 02.199
theory of nutritional element return 营养元素归还说 04.272
theory of pictographic symbols 象形符号论 01.295
theory of polycycle 多旋回说 03.632
theory of primordial emanative material force 元气说 01.254
theory of process 过程论 01.170
theory of qualified scientists and technicians 科学技术人才学 01.052
theory of reflection 反映论 01.244
theory of relation between heaven and mankind 天人关系说 01.256
theory of science 科学论 03.002
theory of science and technology 科学技术论 01.028
theory of scientific ability 科学能力学 01.051
theory of sphere-heavens 浑天说 02.182
theory of talented persons 人才科学 01.079

theory of technology 技术论 01.021
theory of the earth 地球理论 03.623
theory of the Eight Trigrams 八卦说 01.253
theory of the Five Elements 五行说 01.252
theory of the gene 基因论 03.681
theory of the Supreme Ultimate 太极说 01.255
theory of the Yin and Yang 阴阳说 01.251
theory of three stages of history on investigation of nature 三阶段论 01.308
theory of "Ti" and "Yong" 体用论 02.174
theory of time and space 时空学说 01.116
theory reductionism 理论还原论 03.188
theory that philosophy may replace science 代替论 01.303
theory-value distinction 理论价值区分 03.192
the principle of thinking-economy 思维经济原则 05.265
the process that Qi of Yin and Yang interacts each other to form all things 气化 02.175
the program of science and technology 科学技术规划 06.006
thermodynamic equilibrium 热力学平衡 04.142
the second technical revolution 第二次技术革命 01.066
the things that haven't be formed 行而上 02.162
the third technical revolution 第三次技术革命 01.067
the third wave 第三次浪潮 01.312
The Three Stages 三阶段论 01.308
the void before the universe occurred 虚霩 02.172
the way for put the problem 问题提法 05.046
thing 物 02.282
things change continuously, so there is no nature distinguish among them 齐物 02.169
thinking model 思维模型 05.211
thinking-shift 思维转换 05.263
thought experiment 思想实验 05.198
thought of geoscience 地学思维 03.646
three dimensional space 三维空间 01.113
threshold value 阈值 04.161
tidal hypothesis 潮汐假说 01.280
Timaeus 蒂迈欧篇 02.210
time 时间 01.107
"Ti" means character, "Yong" means function 体用论 02.174
tiny-cosmic 渺观 01.084
tip 端 02.166
tolerance principle of reference 指称的宽容原理 03.221
to obtain knowledge by investigation of things 格物致知 01.262
to seek truth from facts 实事求是 01.265
Tractatus Logico-Philosophicus 逻辑哲学论 02.117
traditional agriculture 传统农业 04.257
transfer of technology 技术转移 06.093
transformation of Gestalt 格式塔转换 03.712
transformation of mass-energy 质能转化 02.047
transformation of matter 物质变换 01.096
transient analysis 瞬态分析 05.150
transient state 暂态 04.153
transpersonal psychology 超个人心理学 03.735
transplant method 移植法 05.277
trial and error method 试错法 05.078
truth 真理 03.201
truth claim 真理要求 03.202
truth content 真理内容 03.203
truth-function 真理函项 03.204
truth table 真值表 03.206
truth value 真值 03.205
turbulence 湍流 04.160
Turing machine 图灵机 04.181
twin paradox 双生子佯谬 03.554
two is made one 合二为一 02.161
two kinds of substance synthesis into another 和实生物 02.173
type-identity theory of psychological states 心理状态的类型同一性理论 03.694
types of systems 系统的类型 04.126
typical cases in observation 观察典型 05.074

U

uncertainty principle 不确定原理 03.571
unconscious mind 无意识心理 03.719
unconsciousness 无意识 01.123
underdetermination 不完全决定 03.422
underdeterminism 不完全决定论 03.423
understanding modes of reasoning 推理的理解模式 03.243
unification of four interactions 四种相互作用的统一 03.586
unified field theory 统一场论 03.585
unified science 统一[的]科学 03.134
uniformitarianism 均变论 03.629
unity of heaven and mankind 天人合一 01.257
unity of nature 自然的统一性 02.029
unity of opposites 对立统一 01.161
universal connexion 普遍联系 01.144
universality and particularity of contradiction 矛盾的普遍性和特殊性 01.163
universal logic 普通逻辑 01.033
universal proposition 全称命题 03.226
universal theory 宇宙论 02.038
universe 宇宙 03.603
un-mature science 不成熟科学 03.442
untranslationability 不可翻译性 03.446

V

vacuum 真空 03.059
Vaisesika 胜论 02.189
valence theory 价理论 03.594
valuational presupposition of science 科学的评价预设 03.511
valuation of science 科学的评价 03.510
value 价值 03.507
value dependence of science 科学的价值相依性 03.512
value engineering 价值工程 04.120
value free 不受价值影响 03.165
value judgement 价值判断 03.508
value-ladenness of technology 技术的价值负载性 04.093
value neutrality of science 科学的价值中性 03.164
value-neutrality of technology 技术的价值中立性 04.094
values of science 科学的价值 06.049
value system 价值系统 03.509
verbal protocol 言语记录句 03.161
Verem Ernst Mach Society 马赫学会 02.114
verifiability 可证实性 03.123
verificationism 证实主义 03.122
verisimilitude 逼真性 03.391
vertical thinking 垂直思维 05.258
Vienna Circle 维也纳学派 02.112
view of environment 环境观 04.194
view of human body 人体观 04.305
view of laws 规律论 01.172
view of matter 物质观 01.090
view of motion 运动观 01.130
view of nature 自然观 02.007
view of science 科学观 01.018
view of space 空间观 01.110
view of technology 技术观 01.020
view of time 时间观 01.106
view of time and space 时空观 01.105
view of world 世界观，*宇宙观 01.016
virtual reality 虚拟现实 04.177
visual thinking 视觉思维 03.739
vitalism 活力论 03.669
void 虚空 02.208
vulgar evolutionism 庸俗进化论 03.676
vulgar materialism 庸俗唯物论 01.289

W

Warsaw School 华沙学派 02.116
wave 波 02.052
wave packet reduction 波包并缩 03.574
wave particle duality 波粒二象性 03.572
wavy mosaic structure hypothesis 波浪状镶嵌构造说 03.634
wavy mosaic tectonics 波浪状镶嵌构造说 03.634
weak interaction 弱相互作用 01.151
weak verifiability 弱可证实性 03.125
well-formed formulas 合式公式 03.248
Western Marxism 西方马克思主义 01.310
Western philosophy of nature 西方自然哲学 02.003
white box 白箱 04.176
wholeness 整体性 03.425
whole synthesis 整体综合 05.160
without great any more 至大无外 02.164
without small any more 至小无内 02.165
world 1,2,3. 世界1,2,3. 03.395
Wu Ji 无极 02.136
Wu Xing 五行 02.147

X

Xiang 相 02.153
Xiao Yi 小一 02.141
Xing 性 02.152
Xing Er Shang 行而上 02.162
Xu Guo 虚霩 02.172

Y

Yi 易 02.158
Yin and Yang 两仪 02.143, 阴阳 02.146
Yuan Qi 元气 02.149

Z

Zeno's paradoxes 芝诺悖论 02.202

汉 英 索 引

A

阿派朗　apeiron　02.196
爱利亚学派　Eleatic School　02.201
爱因斯坦-玻尔争论　Einstein-Bohr debate　03.576
爱因斯坦时空观　Einstein's view of time and space　01.120
爱与争　love and hate　02.204
爱助自杀　assisted suicide　04.352
安乐死　euthanasia　04.349
暗物质　dark matter　03.052
案例分析　case analysis　05.146
奥格本学派　Ogburn's School　06.089

B

八卦　the Eight Trigrams　02.145
八卦说　theory of the Eight Trigrams　01.253
巴甫洛夫学说　Pavlov's theory　01.129
白箱　white box　04.176
柏林学派　Berlin School　02.115
百花齐放,百家争鸣　letting a hundred flowers blossom and a hundred schools of thought contend　01.266
坂田模型　Sakata model　01.309
板块构造说　plate tectonics theory　03.625
半定性半定量模型　the model of half-qualitative and half-quantitative　05.216
半经验半理论模型　the model of half-experience and half-theory　05.215
保护带　protective belt　03.401
暴胀宇宙　inflationary universe　03.607
背景理论　background theories　03.407
贝尔不等式　Bell's inequality　03.578
贝纳尔对流　Benard convection　04.167
贝叶斯定理　Bayes theorem　03.305
贝叶斯主义　Bayesism　03.306
被阐明项　explicandum　03.330
被动安乐死　passive euthanasia　04.351
被说明项　explanandum　03.313
被自然创造的自然　natura naturata　02.231
悖论　paradox　05.195
EPR 悖论　Einstein-Podolsky-Rosen paradox　03.577
本体论　ontology　03.031
本体论承诺　ontological commitment　03.033
本体论矛盾心理　ontological ambivalence　03.032
本原　arche　02.195
本质论　essentialism　03.371
逼近法　approach method　05.204
逼真性　verisimilitude　03.391
比较　comparison　05.134
比较分析　comparative analysis　05.156
毕达哥拉斯学派　Pythagorean School　02.198
必然性　necessity　03.092
必然性与可能性证明　proof from necessity and possibility　02.235
必然真理　necessary truth　03.207
边缘科学　marginal science　01.044
变化　change　01.153
辩护　justification　03.337
辩护的等级模型　hierarchical model of justification　03.340
辩护的与境　context of justification　03.338
辩护主义　justificationism　03.339
辩证法　dialectics　01.001
辩证过程　dialectic process　02.265
辩证论派　school of dialectism　01.298
辩证逻辑　dialectical logic　01.034
辩证思维　dialectical thinking　01.011
辩证思维规律　law of dialectical thinking　01.203

辩证唯物主义 dialectical materialism 01.239
辩证自然观 dialectic view of nature 02.012
表[现]型 phenotype 03.683
表象 representation 03.482
表象主义 representationalism 03.483
病人权利 patients rights 04.330
病人自主权 patient autonomy 04.334
波 wave 02.052
波包并缩 wave packet reduction 03.574
波浪状镶嵌构造说 wavy mosaic tectonics; wavy mosaic structure hypothesis 03.634
波粒二象性 wave particle duality 03.572
波普尔-米勒论据 Popper-Miller argument 03.396
不成熟科学 un-mature science 03.442
不对称性 asymmetry 03.103
不二论 Advaita vada 02.185
不可翻译性 untranslationability 03.446
不可分离性 inseparability 03.095
不可分性 indivisibility 03.097
不可还原性 irreducibility 02.270
不可逆性 irreversibility 03.099
不可通约性 incommensurability 03.444
不可知论 agnosticism 01.246
不确定原理 uncertainty principle 03.571
不伤害 nonmaleficence 04.328
不受价值影响 value free 03.165
不同科学理论、观点的矛盾运动规律 law of motion of contradiction among various kinds of scientific theories and points of view 01.216
不完全归纳 incomplete induction 05.164
不完全决定 underdetermination 03.422
不完全决定论 underdeterminism 03.423
不协调逻辑 non-consistent logic 03.263
布鲁塞尔器 Brusselator 04.165
部分定义 partial definition 03.132
部分解释 partial interpretation 03.333
部分量变 partial quantitative change 01.156
部分质变 partial qualitative change 01.157

C

猜测 conjecture 03.394
材料误差 material error 05.112
参两 Can Liang; “Can” means unity of opposites, “Liang” means contrariety and the interaction of both sides of contradiction 02.177
参量型系统理论 parameter system theory 04.136
操作定义 operational definition 03.130
操作心理学 operant psychology 03.706
操作主义 operationalism 03.376
操作子 actor 06.101
操作子世界 actor world 06.103
操作子网络 actor network 06.102
侧向思维 lateral thinking 05.260
测量问题 measurement problem 03.566
层次 level 03.084
层子模型 model of straton 01.268
产生式思维 productive thinking 03.738
产业革命 the Industrial Revolution 01.064
产业社会学 sociology of industry 06.096
阐明 explication 03.328
阐明项 explicatum 03.329
场 field 02.048
常规发现 normal discovery 05.037
常规观察 normal observation 05.068
常规科学 normal science 03.432
常规实验 normal experiment 05.096
常人方法论 ethnomethodology 06.073
常无 constant nothing 02.127
常有 constant something 02.126
超赋值逻辑 supervaluation logic 03.265
超个人心理学 transpersonal psychology 03.735
超距作用 action at a distance 03.548
超量经验内容 excessive empirical content 03.392
超量可证伪性 excessive falsifiability 03.393
超量验证 excessive corroboration 03.390
超循环理论 hypercycle theory 04.137
潮汐假说 tidal hypothesis 01.280
成熟科学 mature science 03.433
持存物 Bestand; standing-reserve 04.008
持续农业 sustainable agriculture 04.264

持续增长　sustainable growth　04.240
充足量由律　law of sufficient reason　01.202
重复性实验　repeated experiment　05.092
重复性原则　repeatability principle　05.130
重建主义　reconstructionism　03.349
重言式　tautology　03.152
崇有论　theory of Chong You; all things come from being　02.168
抽彩悖论　lottery paradox　03.297
抽象　abstraction　05.183
抽象概念　abstract concept　05.187
抽象具体一致律　law of abstract consilience with concrete　01.209
抽象模型　abstract model　05.218
抽象实体　abstract entity　02.074
抽象思维　abstract thinking　05.253
抽样误差　sampling error　05.116
初始价值主张　primary value claims　03.515
处所　place　02.209
传统农业　traditional agriculture　04.257
创新　innovation　04.113
创新的“发现推动模式”　“discovery-push” model of innovation　06.086
创新的“技术推动模式”　“technology-push” model of innovation　06.095
创新的“市场牵引模式”　“market-pull” model of innovation　06.087
创新的“需求推动模式”　“demand-push” model of innovation　06.085
创新的“需要牵引模式”　“need-pull” model of innovation　06.084
创造工程　creative engineering　04.098
创造技法　technical method of creation　05.271
创造力研究　research of creativity　03.737
创造性思维　creative thinking　05.251
创造自然的自然　natura naturans　02.230
垂直思维　vertical thinking　05.258
词典　lexicon　03.448
次协调逻辑　para-consistent logic　03.260
从存在到生成　from being to becoming　02.285
存在和思维　being and thinking　01.227
存在之链　chain of being　03.076
存在[主义]心理学　existential psychology　03.715

D

达到最佳说明的推论　inference to the best explanation　03.241
达尔文主义　Darwinism　03.675
大爆炸宇宙论　big-bang cosmology　01.087
大地伦理学　land ethics　04.235
大科学　big science　06.034
大陆漂移说　continental drift theory　03.630
大数假设　large number hypothesis　03.611
大系统理论　big system theory　04.180
大一　Da Yi; infinite great　02.137
大宇宙　macrocosm　02.243
代替论　theory that philosophy may replace science　01.303
单称陈述　singular statement　03.225
单一技术　monotechnics　04.036
单因素实验　experiment of single factor　05.085
单子论　monadology　02.256
道　Tao; Dao　02.123
道义逻辑　deontic logic　03.258
德波林学派　Debolin School　01.299
德国自然哲学　Naturphilosophie(德)　02.261
等价变换法　alternate method of equal values　05.275
地幔对流理论　theory of mantle convection　03.624
地面观察　ground observation　05.075
地面实验　ground experiment　05.098
地壳均衡说　isostasy hypothesis of the earth　03.641
地球村　Earth Village　04.200
地球结构　earth structure　03.642
地球科学　earth science　03.617
地球科学体系　system of earth science　03.618
地球冷缩说　contraction hypothesis of the earth　03.640
地球理论　theory of the earth　03.623
地球膨胀说　expansion hypothesis of the earth　03.639

地球体系　earth system　03.643
地洼说　diwa theory; geodepression theory　03.633
地外文明　extraterrestrial civilization　02.041
地心说　geocentic theory　03.614
地学思维　thought of geoscience　03.646
地学哲学　philosophy of geoscience　03.616
地缘政治学　geopolitics　03.649
地质进化论　theory of geo-evolution　01.281
地质力学　geomechanics　03.631
地质作用　geological prcess　03.644
蒂迈欧篇　Timaeus　02.210
第二次技术革命　the second technical revolution　01.066
第二性的质　secondary quality　02.254
第三次技术革命　the third technical revolution　01.067
第三次浪潮　the third wave　01.312
第四王国　the Fourth Realm　04.018
第一次技术革命　the first technical revolution　01.065
第一推动　first impulse　03.543
第一性的质　primary quality　02.253
电磁世界图景　electromagnetical picture of world　02.035
电磁相互作用　electromagnetic interaction　01.150
电磁运动　electromagnetic motion　01.140
电气化　electrification　04.099
电气化时代　Electrification Age　01.060
定量分析　quantitative analysis　05.142
定量模型　quantitative model　05.223
定量实验　quantitative experiment　05.084
定律的范围　scope of a law　03.171
定态　steady state　04.152
定性分析　qualitative analysis　05.141
定性模型　qualitative model　05.222
定性实验　qualitative experiment　05.083
定域性　locality　03.106
东方自然哲学　Eastern philosophy of nature　02.004
动的　dynamic　02.272
动力学规律　dynamic law　03.545
动力因　effect cause　02.219
动力因证明　proof from efficient cause　02.234
动物科学技术　animal science and technology　04.279
动物权利　animal right　04.354
动物医学　animal medicine　04.280
独化论　theory of "Du Hua"; "Du Hua" means that things change without force　02.167
杜恒-诺伊拉特-蒯因命题　Duhem-Neurath-Quine thesis　03.424
＊渡鸦悖论　raven paradox　03.292
端　Duan; end; tip　02.166
断块构造说　fault-block tectonics　03.635
对称破缺　symmetry of breaking　03.104
对称性　symmetry　03.102
对非人事物的责任　duties toward nonhuman beings　04.237
对后代的责任　duties to future generation　04.236
对立统一　unity of opposites　01.161
对立统一规律　law of unity of opposites　01.178
对实验的忽视　neglect of experiment　03.466
＊对象　object　03.042
对应原理　correspondence principle　03.569
对照性原则　principle of control　05.123
对照组　control group　05.125
顿悟　insight　03.742
多重发现　multiple discoveries　06.069
多世界理论　many-world theory　03.587
多熟种植　multiple cropping　04.284
多维空间　multidimensional space　01.114
多向思维　many-direction thinking　05.259
多旋回说　theory of polycycle　03.632
多因素实验　experiment of many factor　05.086
多元论　pluralism　01.235

E

儿童心理学　psychology of child　01.128
二律背反　antinomies　02.260
二元论　dualism　01.234

F

发明　invention　04.112
发明的社会影响　social impact of invention　06.088
发明社会学　sociology of invention　06.097
发散型思维　divergent thinking　05.256
发生认识论　genetic epistemology　03.733
发现的心理学　psychology of discovery　03.450
发现的与境　context of discovery　03.342
发现的自然主义进路　naturalism approach to discovery　03.476
发展　development　01.166
发展经济学　development economics　01.076
发展理论　theory of development　01.075
发展社会学　development sociology　01.077
法兰克福学派　Frankfort School　01.311
反驳　refutation　05.193
反常　anomaly　03.438
反归纳法　counter induction　03.298
反还原论　anti-reductionism　03.147
反基础主义　anti-fundamentalism　03.167
反技术　anti-technology　04.003
反技术者　anti-technologist　04.002
反科学　anti-science　03.020
反科学主义　anti-scientism　01.316
反馈　feedback　04.173
反馈控制方法　feedback-control method　05.288
反面启发法　negative heuristic　03.406
*反身性　reflexivity　03.277
反实在论　anti-realism　02.079
反世界主义　anti-cosmopolitanism　01.301
反事实条件句　counterfactual conditionals　03.244
反溯推理　retroactive reasoning　03.242
反问逻辑　erotetic logic　03.256
反物质　antimatter　01.104
反形而上学　anti-metaphysics　02.120
BZ 反应　Belousov-Zhabotinsky reaction　04.190
反映论　theory of reflection　01.244
反证　disproof　05.192
范畴　category　01.225
范畴论　category theory　01.220
范畴体系　system of category　01.226
范例　exemplar　03.435
范式　paradigm　03.434
梵　Brahman　02.184
泛灵论　animism　02.245
泛神论　pantheism　02.246
泛生论　pangenesis　03.663
泛系理论　pan-system theory　04.141
方法　method　05.004
方法论　methodology　01.017
方法论的个体论　methodological individualism　02.093
方法论的唯我论　methodological solipsism　02.092
方法论规范　methodological norm　02.095
方法论无政府主义　methodological anarchism　03.453
方法误差　method error　05.114
方向原理　orientation principle　01.192
非常规发现　non-normal discovery　05.038
非常规科学　non-normal science　03.441
非达尔文主义　non-Darwinism　01.284
非定域性　nonlocality　03.107
非经典逻辑　non-classical logic　03.259
非决定论　indeterminism　03.547
非累积的科学　non-cumulative science　03.451
非理性　irrationality　03.456
非理性主义　non-rationalism　01.249, informal rationality　03.346
非逻辑思维　non-logical thinking　05.252
非实在论　non-realism　02.078
非线性动力学　nonlinear dynamics　03.563
非线性科学　nonlinear science　04.187
非线性相互作用　nonlinear interaction　04.150
非形式描述　informal description　03.232
费根鲍姆常数　Feigenbaum constant　04.189
分叉　bifurcation　04.151
分类　classification　05.136
分类学　taxonomy　03.447
分配误差　distribution error　05.115

分维　fractional dimension　03.074
＊分析陈述　analytical statement　03.150
分析方法　analytic methods　05.140
分析句　analytical sentence　03.150
＊分析命题　analytical porposition　03.150
分析问题解决　analytical problem solving　03.151
分析性　analyticity　03.149
分析哲学　analytical philosophy　03.111
分析-综合区分　analytic-synthetic distinction　03.148
分形　fractal　03.073
分有　participation　02.213
分子轨道对称守恒原理　principle of symmetrical conservation of molecular orbits　03.597
风险评估　risk assessment　04.118
否定后件推理　modus tollens　03.240
否定之否定规律　law of the negation of negation　01.180
否证　disconfirm　03.198
＊否证　falsification　03.382
符号动力学　symbolic dynamics　04.191
符号逻辑　symbolic logic　01.037
符号模型　symbolic model　05.219
符号学　semiotics　03.364
符号语言　symbolical language　05.025
弗兰肯斯坦困境　Frankenstein's dilemma　04.019
弗洛伊德主义　Freudism　03.714
辅助假设　auxiliary assumptions　03.403
辅助假说　auxiliary hypotheses　03.402
覆盖载培　mulching cropping　04.282
复杂的适应自组织调节系统　complex adaptive self-organizing regulatory systems　03.480
复杂系统　complex system　04.132
负载理论的观察　theory-laden observation　03.417
负载理论的数据　theory-laden data　03.418

G

概括抽象　summary abstraction　05.185
概率　probability　03.299
概率的相对频率解释　relative frequency interpretation of probability　03.302
概率[的]自然律　probabilistic law of nature　03.308
概率蕴涵　probability implication　03.307
概率主义说明　probabilistic explanation　03.327
概念　concept　01.222
概念论　conceptualism　03.037
盖天说　theory of canopy-heavens; heavenly cover cosmology; a universe theory in Chinese ancient times　02.183
盖娅　Gaia　02.021
感官观察　observation of use senses　05.072
感觉论　sensationalism　02.108
感性的具体　perceptual concrete　05.181
高技术产业　high-technology industries　06.099
高危行为　high risky behavior　04.357
哥本哈根学派　Copenhagen School　03.567
哥德尔不完全性定理　Goedel's incompleteness theorem　03.526
格森事件　Geson's incident　01.307
＊格式塔-性质说　Gestalt quality theory; Gestalt qualitaet Theorie　03.711
格式塔转换　transformation of Gestalt　03.712
格物　Ge Wu; study physical nature; study the world　02.159
格物致知　to obtain knowledge by investigation of things　01.262
个体化　individuation　02.094
各向同性　isotropy　02.049
各向异性　anisotropy　02.050
＊各行其是　act willfully　03.454
工程　engineering　04.100
工程教育　engineering education　04.104
工程科学　engineering science　04.101
工程控制论　engineering cybernetics　04.103
工程伦理学　engineering ethics　04.105
工程设计　engineering design　04.102
工程哲学　philosophy of engineering　04.117
工具合理性　instrumental rationality　04.026
工具价值　instrumental value　04.029
工具理性　instrumental reason　04.027

工具主义　instrumentalism　03.377
工具主义技术论　instrumental theory of technology　04.028
工业革命　Industrial Revolution　04.106
工业管理学　industrial engineering　04.111
工业化　industrialization　04.107
*工业化后社会　post-industrial society　06.025
工业社会　industrial society　06.024
工业心理学　industrial psychology　04.110
工业主义　industrialism　04.108
工业主义者　industrialist　04.109
工艺　techne　02.192
工作假说　hypothesis in working　05.232
功能模拟方法　function-imitation method　05.289
公理方法　axiomatic method　05.230
公理化　axiomatization　03.528
公理-演绎法　axiom-deduction method　05.178
公理主义　axiomatism　03.529
公认观点　received view　02.119
公正原则　principle of justice　04.326
共变法　method of concomitant variation　05.171
共振　resonance　03.051
古德曼悖论　Goodman paradox　03.294
固定论　fixism　03.637
乖僻思维　eccentric thinking　05.262
关系实在论　relational realism　02.065
关系映射反演　relationship-mapping-inversion　03.535
关于理论的句法观　syntactic view of theories　03.354
关于理论的实在论　realism about theories　02.066
观察　observation　03.156
观察陈述　observational statement　05.065
观察程序　procedures of observation　05.062
观察错误　errors in observation　05.067
观察的理论负载性　theory-ladenness of observation　03.420
观察的语用理论　pragmatic theory of observation　03.362
观察典型　typical cases in observation　05.074
观察对象　object of observation　05.063
观察环境　environment of observation　05.064
观察假说　hypothesis in observation　05.233
观察句　observation sentence　03.159
观察-理论区分　observational-theoretical distinction　03.155
观察术语　observational terms　03.157
观察语言　observational language　05.066
观察者　observer　05.060
管理科学　management science　01.071
灌溉农业　irrigating farming　04.259
贯融主义　coherentism　03.210
广延　extension　02.255
规范认识论　normative epistemology　02.090
规范自然主义　normative naturalism　03.475
规律　law　01.173
规律的客观性　objectivity of law　01.174
规律解释　explanation of law　05.245
规律论　view of laws　01.172
归谬法　reduction to absurdity　05.194
归纳　induction　03.278
归纳悖论　inductive paradox　03.289
归纳辩护　inductive justification　03.284
归纳法　inductive method　01.276
归纳概括　inductive generalization　03.282
归纳概率　inductive probability　03.283
归纳论证　inductive demonstration　05.173
归纳逻辑　inductive logic　03.279
归纳推理　inductive reasoning　05.161
归纳问题　inductive problem　03.281
归纳主义　inductionism　03.287
过程　process　01.169
过程论　theory of process　01.170
过程哲学　process philosophy　01.171
过程自然观　process view of nature　02.015
过失误差　gross error　05.121

H

海洋农牧场　ocean farming and animal husbandry　04.297

旱地农业 dry farming 04.260
耗散结构 dissipative structure 03.072
耗散结构论 dissipative structure theory 04.134
核农学 nuclear agriculture 04.281
和实生物 He Shi Sheng Wu; two kinds of substance synthesis into another 02.173
和谐原理 harmony principle 01.190
合二为一 two is made one 02.161
合理的辩护 rational justification 03.341
合理的证明 rational proof 03.343
合理性 rationality 03.344
合式公式 well-formed formulas 03.248
黑洞 black hole 03.053
黑箱 black box 04.174
黑箱方法 method of black box 05.284
亨佩尔悖论 Hempel paradox 03.291
洪积论 diluvianism 03.622
宏观 macroscopic 01.082
宏观取向 macroscopic orientation 06.076
宏观说明 macro-explanation 03.325
后成论 epigenesis 03.668
后工业社会 post-industrial society 06.025
后结构主义 post-structuralism 03.487
后经验主义科学哲学 post-empiricist philosophy of science 03.378
后库恩的科学哲学 post-Kuhnean philosophy of science 03.485
后实证主义科学哲学 post-positivist philosophy of science 03.379
后天 a posteriori 03.025
后现代主义科学哲学 post-modernism philosophy of science 03.486
*后验 a posteriori 03.025
互补性 complementarity 03.570
互助原则 principle of solidarity 04.327
华沙学派 Warsaw School 02.116
化学革命 chemical revolution 03.596
化学键理论 theory of chemical bonds 03.595
化学进化 chemical evolution 03.600
化学元素周期律 periodic law of chemical elements 03.592
化学哲学 philosophy of chemistry 03.588
话语 discourse 03.488
话语分析 discourse analysis 06.072
话语形式 form of discourse 03.491
怀疑精神 skeptical spirit 05.051
怀疑论 scepticism 01.247
环境工程 environmental engineering 04.229
环境观 view of environment 04.194
环境价值 environmental value 04.233
环境科学 environmental science 04.193
环境科学哲学 philosophy of environmental sciences 04.192
环境伦理学 environmental ethics 04.231
环境评价 environmental assessment 04.198
环境容量 environmental capacity 04.197
环境退化 environmental degradation 04.199
环境危机 environmental crisis 04.230
环境误差 environment error 05.113
环境意识 environmental consciousness 04.195
环境政策 environmental policies 04.232
环境政治学 environ-politics 04.234
环境质量 environmental quality 04.196
还原 reduction 03.142
还原层次 reduction levels 03.144
*还原陈述 reduction statement 03.143
还原句 reduction sentence 03.143
还原论 reductionism 03.141
还原论自然观 reductionist view of nature 02.019
灰色系统 grey system 05.285
灰色系统理论 grey system theory 04.140
灰箱 grey box 04.175
浑天说 theory of sphere-heavens; a universe theory in Chinese ancient times 02.182
混沌 chaos 04.149
混沌生序 order out of chaos 02.286
活动论 mobilism 03.638
活力论 vitalism 03.669
火成论 plutonism 03.627

J

基本粒子运动 fundamental particle motion 01.139
基本命题 basic proposition 03.224
基础科学 basic science 01.040
基础主义 fundamentalism 03.166
基因 gene 03.080
基因论 theory of the gene 03.681
基因型 genotype 03.682
机能主义 functionalism 03.708
机器人 robot 04.119
机体论 organicism 03.673
机械化 mechanization 04.115
机械论 mechanism 01.278
机械论的时空观 mechanical view of time and space 01.117
机械论派 school of mechanism 01.297
机械论哲学 mechanical philosophy 03.036
机械唯物主义 mechanical materialism 01.238
机械运动 mechanical motion 01.136
机械自然观 mechanical view of nature 02.011
机遇观察 chance observation 05.069
奇性 singularity 03.555
积木式机床 machine tool of building block type 01.269
极限环 limit cycle 04.163
极限环面 limit torus 04.164
极性原理 principle of polarity 02.263
疾病 disease 04.307
技术 technology 04.086
技术霸权 hegemony of technology 04.021
技术悲观主义 technological pessimism 04.075
技术本体论 ontology of technology 04.041
技术变迁 technological change 04.059
技术创新 technological innovation 06.083
技术的背景论 contextualism of technology 04.011
技术的非人道化 dehumanization of technology 04.013
技术的非中立性 non-neutrality of technology 04.040
技术的工具论 instrumentalism of technology 04.030
技术的价值负载性 value-ladenness of technology 04.093
技术的价值中立性 value-neutrality of technology 04.094
技术的人道化 humanization of technology 04.023
技术的社会功能 social function of technology 06.003
技术的社会建构 social construction of technology 06.081
技术的社会决定论 social determinism of technology 04.050
技术的社会控制 social control of technology 06.008
技术的相互依存性 technological interdependence 06.092
技术的形而上学 metaphysics of technology 04.035
技术的中立性 neutrality of technology 04.037
技术敌托邦 technological dystopia 04.064
技术动力学 technological dynamism 06.091
技术发明 technical invention 05.040
技术发明模式 technology discovery model 06.094
技术范式 technological paradigm 04.074
技术方法 technical method 05.006
技术方法论 technical methodology 05.008
技术风格 technological style 04.080
技术革命 technological revolution 04.079
技术观 view of technology 01.020
技术轨道 technological trajectory 04.082
技术合理性 technological rationality 04.077
技术化环境 technical milieu 04.054
技术化社会 technopolis 04.091
技术价值 technological value 04.084
技术价值论 axiology of technology 04.007
技术阶层 technostructure 04.092
技术进步 technological progress 04.076
技术进化 evolution of technology 04.017
技术精英 technological elite; technocratic elite 04.065

技术决定论　determinism of technology　04.062
技术科学　technical science　01.042
技术恐惧症　technophobia　04.089
技术狂热症　technomania　04.090
技术框架　technological frame　06.110
技术扩散　technological diffusion　06.109
技术乐观主义　technological optimism　04.072
技术理性　technological reason；technical reason　04.078
技术论　theory of technology　01.021
技术梦游症　technological drift　04.063
技术命令　technological imperative　04.067
技术批判理论　critical theory of technology　04.012
技术评估　technology assessment　04.087
技术圈　technological sphere　04.203
技术权力　power of technology　04.044
技术人类学　technological anthropology　06.014
技术认识论　epistemology of technology　04.016
技术社会　technological society　06.105
技术社会学　sociology of technology　06.079
技术史　history of technology　01.055
技术世界　technological world　04.085
技术素养　technological literacy　04.069
技术统治　technocracy　04.056
*技术王国　Technological Realm　04.018
技术文化　technological culture；technoculture　04.061
技术文明　technological civilization　04.060
技术乌托邦　technological utopia　04.083
技术无政府主义　technological anarchy　04.057
技术系统　technological system　04.081
技术虚无主义　technological nihilism　04.071
技术选择　technological choices　06.108
技术异化　alienation of technology　04.001
技术隐喻　technological metaphor　04.070
技术照射　technological fix　04.066
技术哲学　philosophy of technology　04.042
技术政策　technology policy　06.082
技术知识　technological knowledge　04.068
技术制度　technological regime　06.112
技术制品　technological artifacts　04.058
技术秩序　technological order　04.073
技术主义　technicism　04.055
技术转移　transfer of technology　06.093
技术自主性　autonomy of technology　04.005
计算机模拟　computer-imitation　05.227
计算机时代　Computer Age　01.061
计算机实验　computer-experiment　05.228
计算机统治　computerocracy　04.009
计算机隐喻　computational metaphor　04.010
*记录陈述　protocol statement　03.160
记录句　protocol sentence　03.160
*记录命题　protocol proposition　03.160
家畜胚胎移植　animal embryo transfer　04.298
假设条件句　subjunctive conditionals　03.245
假说　hypothesis　03.193
假说的检验　tests for hypothesis　05.237
假说-演绎法　hypothesis-deduction method　05.179
价理论　valence theory　03.594
价值　value　03.507
价值的工具性判断　instrumental judgement of value　03.513
价值工程　value engineering　04.120
价值判断　value judgement　03.508
价值系统　value system　03.509
间断　discontinuity　03.101
间断平衡论　punctuated equilibria theory　03.665
间接测量　indirect measurement　05.059
间接实验　indirect experiment　05.088
间接证明　indirect proof　05.191
检验　test　03.194
简单定位　simple location　02.276
*简化论　reductionism　03.141
健康　health　04.306
*渐成论　epigenesis　03.668
建构经验论　constructive empiricism　02.105
建构实在论　constructive realism　02.062
建构主义技术社会学　constructivist sociology of technology　06.080
交叉科学　disciplinary sciences　01.043
接受者　receptacle　02.215
阶序　hierarchy　03.655
结构　structure　03.083
结构说明　structural explanation　03.323
结构主义　structuralism　03.707

解决疑难　puzzle solving　03.437
解释　interpretation　03.331
解释的托辞　pretense for interpretation　03.334
解释学　hermeneutics　03.495
进步的研究纲领　progressive research programme　03.411
进化　evolution　03.658
进化论　evolutionary theory　03.674
进化认识论　evolutionary epistemology　02.089
进化实在论　evolutionary realism　02.060
近可积系统的 KAM 定理　KAM theorem for nearly integrable system　03.562
近平衡态　near-equilibrium state　04.143
近似真理　approximate truth　03.208
近现代农业　modern agriculture　04.258
精气　Jing Qi; a kind of spirit Qi　02.150
精神分析　psychoanalysis　03.713
精神客体　mental object　05.017
精神论　mentalism　03.702
*精神主义　mentalism　03.702
精致的证伪主义　sophisticated falsificationism　03.397
经典的概率观　classical conception of probability　03.300
经典逻辑　classical logic　03.250
经验　experience　02.096
经验常数　experiential constant　05.030
经验等价性　empirical equivalence　02.099
经验定律　experiential law　05.031
经验公式　experiential formula　05.029
经验科学　empirical science　03.007
经验论　empiricism　01.275
经验论的科学哲学　empiricist philosophy of science　02.103
经验论教条　dogmas of empiricism　03.140
经验描述　experiential description　05.241
经验命题　empirical proposition　02.101
经验模型　experiential model　05.214
经验内容　empirical content　02.098
经验批判主义　empirio-criticism　01.293
经验实在论　empirical realism　03.049
经验事实　experiential fact　05.033
经验适当性　empirical adequacy　02.097
经验性研究　empirical research　05.002
经验意义　empirical meaning　02.100
经验预见　experiential prediction　05.248
经验真理　empirical truth　02.102
景观　landscape　03.648
静的　static　02.271
境遇伦理学　situational ethics　03.506
巨型机器　megamachine　04.034
具体　concrete　05.180
具体同一律　law of concrete identity　01.204
具体性误置之谬　fallacy of misplaced concreteness　02.275
句法　syntax　03.353
决策科学　science of policymaking　01.072
决定论规律　deterministic law　03.544
诀窍　know-how　04.114
绝对　absolute　02.264
绝对的价值判断　categorical judgement of value　03.027
绝对空间　absolute space　03.060
绝对时间　absolute time　03.062
绝对时空概念　concept of absolute space and time　03.551
绝对误差　absolute error　05.109
绝对运动　absolute motion　03.056
绝对主义　absolutism　03.368
均变论　uniformitarianism　03.629

K

开放的未来　open future　02.273
凯伯格悖论　Kyburg paradox　03.296
勘查阶梯式发展　exploration knowledge movement　03.647
科层制　bureaucracy　06.038
科技立法　legislation of science and technology　06.005
科技文献　scientific and technical literature　06.017
科技与社会　sociology of science and technology　01.022

科学　science　01.029
科学悲观主义　scientific pessimism　06.021
科学变革　scientific change　03.014
科学测量　scientific measurement　05.057
科学崇拜　cult of science　03.018
科学抽象　scientific abstraction　05.184
科学创造　scientific creation　05.250
科学创造力　scientific creativity　06.040
科学的继承与批判的矛盾运动规律　law of motion of contradiction between succeed and critique of science　01.217
科学的价值　values of science　06.049
科学的价值相依性　value dependence of science　03.512
科学的价值中性　value neutrality of science　03.164
科学的解释学　hermeneutics of science　03.496
科学的进化　evolution of science　03.010
科学的精神气质　ethos of science　03.017
科学的目标　aim of science　03.008
科学的年龄结构　age structure in science　06.065
科学的评价　valuation of science　03.510
科学的评价预设　valuational presupposition of science　03.511
科学的社会功能　social function of science　06.002
科学的社会控制　social control of science　06.007
科学的社会目的　social goals of science　06.050
科学的形象　image of science　03.009
科学的指数增长　exponential growth of science　06.068
科学的制度化　institutionalization of science　06.046
科学的自主性　autonomy of science　06.044
科学发明　scientific invention　05.039
科学发现　scientific discovery　05.036
科学发展的分化与综合的矛盾运动规律　law of contradiction between differentiation and synthesis in scientific development　01.218
科学发展模式　pattern of scientific development　06.057
科学方法　scientific method　05.005
科学方法论　scientific methodology　05.007
科学分类　taxonomy of science　06.042
科学符号　scientific symbol　05.026
科学革命　scientific revolution　03.439
科学革命的结构　structure of scientific revolution　03.440
科学共同体　scientific community　03.431
科学观　view of science　01.018
科学观察　scientific observation　05.056
科学归纳　scientific induction　05.166
科学合理性　scientific rationality　03.345
科学幻想　scientific fantasy　05.268
科学基础论　foundation of science　03.003
科学基金　scientific fund　06.058
科学技术悲观主义　pessimism on science and technology　01.317
科学技术发展的规律　law of science and technology development　01.210
科学技术发展的加速度规律　acceleration law of the development of science and technology　01.211
科学技术发展的结构转换规律　structural transformation law of the development of science and technology　01.213
科学技术发展的重心规律　focus development law of science and technology　01.212
科学技术方法论　methodology of science and technology　05.009
科学技术革命　scientific and technological revolution　06.016
科学技术管理　management of science and technology　06.010
科学技术管理学　management science of science and technology　01.048
科学技术规划　the program of science and technology　06.006
科学技术合理性　scientific-technical rationality　04.049
科学技术进步　scientific and technological progress　06.015
科学、技术、经济、社会的协调发展规律　law of coordinate development of science, technology, economy and society　01.219
科学技术决定论　science and technology determinism　01.314
科学技术乐观主义　optimism on science and technology　01.315

科学技术伦理学　ethics of science and technology　06.009
科学技术论　theory of science and technology　01.028
科学技术人才学　theory of qualified scientists and technicians　01.052
＊科学技术社会学　sociology of science and technology　01.022
科学技术是第一生产力　science and technology are primary productive force　01.270
科学技术体制　scientific and technological institution　06.004
科学、技术与社会　science, technology and society　06.001
科学技术战略　strategy for science and technology　06.012
科学技术哲学　philosophy of science and technology　01.013
科学技术政策　policies of science and technology　06.011
科学技术政策学　studies of science and technology policy　01.047
科学计量学　scientometrics　06.041
科学家的分层　stratification of scientists　06.063
科学家的社会责任　social responsibility of scientist　06.051
科学家的生产率　productivity of scientists　06.059
科学家共同体　scientist community　06.061
科学假说　scientific hypothesis　05.231
科学教育学　pedagogics of science　01.053
科学解释　scientific explanation　05.243
科学进步　scientific progress　03.011
科学进展　scientific advancement　03.012
科学精神　scientific spirit　03.016
科学精英　scientific elite　06.039
科学经济学　economics of science　01.049
科学经验　scientific experience　05.028
科学乐观主义　scientific optimism　06.022
科学理论　scientific theory　05.238
科学理论的结构　structure of scientific theory　03.173
科学理论与观察及实验事实的矛盾运动规律　law of motion of contradiction between scientific theory and observation or experimental facts　01.215
科学联想　scientific association　05.266
科学灵感　scientific inspiration　05.270
科学伦理学　ethics of science　03.505
科学论　theory of science　03.002
科学逻辑　scientific logic　03.249
科学逻辑学　logic of science　01.046
科学美学　aesthetics of science　01.054
科学描述　scientific description　05.240
科学模型　scientific model　05.207
科学能力学　theory of scientific ability　01.051
科学普及　popularization of scientific knowledge　06.048
科学启蒙　enlightenment of science　06.033
科学情报　scientific information　06.056
科学权威　prestige of science　06.036
科学人类学　scientific anthropology　06.013
科学认识　scientific knowledge　05.010
科学认识论　scientific epistemology　02.085
科学社会学　sociology of science　06.028
科学实践　scientific practice　05.027
科学实验　scientific experiment　05.079
科学实在论　scientific realism　02.054
科学世界观　scientific conception of the world　03.133
科学事实　scientific fact　05.032
科学试验　scientific test　05.077
科学素养　scientific literacy　06.032
科学态度　scientific attitude　06.031
科学讨论　discussion in science　05.272
科学体系学　systematics of science　01.045
科学推理　scientific reasoning　03.235
科学危机　crisis in science　06.055
科学唯物论　scientific materialism　03.034
科学文化　scientific culture　06.029
科学文献　scientific literature　05.055
科学问题　problem in science　05.042
科学想象　scientific imagination　05.267
科学心理学　psychology of science　01.050
科学信念　scientific faith　03.013
科学学　science of science　01.019
科学学派　schools in science　06.053
科学研究　scientific research　05.001

科学研究的职业化　professionalization of scientific research　06.052
科学仪器　scientific instrument　05.020
科学意识　scientific consciousness　06.030
科学与社会实践的矛盾运动规律　law of motion of contradiction between science and social practice　01.214
科学与伪科学的划界　demarcation between science and pseudo-science　03.381
科学与玄学论战　the argumentation between science and metaphysics　01.264
科学语言　scientific language　05.021
科学预见　scientific prediction　05.247
科学增长指标　indicators of scientific growth　06.047
科学哲学　philosophy of science　03.001
科学哲学的社会-历史转向　socio-historical turn of philosophy of science　03.428
科学哲学的语言学转向　linguistic turn of philosophicus　02.122
科学争论　scientific controversy　03.015
科学政策　scientific policy　06.045
科学知识的增长　growth of scientific knowledge　03.414
科学知识社会学　sociology of scientific knowledge　06.018
科学直觉　scientific intuition　05.269
科学中的话语　discourse in science　03.489
科学中的老人统治　gerontocracy in science　06.067
科学中的人力　manpower in science　06.060
科学中的社会分层　social stratification in science　06.064
科学中心　scientific center　06.054
科学主义　scientism　01.313
科学资料　science-material　05.054
科学自然观　scientific view of nature　02.010
科研选题　choice of project　05.052
可比性　comparability　05.135
可分离性　separability　03.094
可分性　divisibility　03.096
可观察性　observability　03.158
可观察性原理　principle of observability　05.061
可检验性　testability　03.195
可逆性　reversibility　03.098
*可确认性　confirmability　03.197
可认证性　confirmability　03.197
可误论　fallibilism　03.387
可误性　fallibility　03.388
可证实性　verifiability　03.123
可证伪性　falsifiability　03.385
客观辩证法　objective dialectics　01.003
客观规律　objective law　01.175
客观实在　objective reality　02.037
客观唯心主义　objective idealism　01.243
客观性　objectivity　03.043
客观主义　objectivism　03.041
客体　object　03.042
客体系统　system of object　05.014
肯定和否定　affirmation and negation　01.181
空间　space　01.111
空间的客观性　objectivity of space　01.112
空间的无限性　infinite of space　01.115
空间观　view of space　01.110
空间观察　space observation　05.076
空虚实有　empty entities　02.277
控制论　cybernetics; control theory　04.172
控制论方法　method of cybernetics　05.287
库恩损失　Kuhnean loss　03.449
夸克禁闭　quark confinement　03.054
矿产勘查哲学　mineral exploration philosophy　03.645

L

拉普拉斯妖　Laplace's demon　03.070
*蓝绿悖论　green-blue paradox　03.295
蓝色革命　blue revolution　04.270
勒德派　Luddites　04.031
勒德主义　Ludditism; Luddism　04.032
累积的科学　cumulative science　03.365
累积主义　accumulationism　03.366
类比　analogy　05.139

类比推理　analogical reasoning　03.239
理　Li; law; orderliness; criterion　02.151
理论　theory　03.172
理论从观察的不可演绎性　nondeductivity of theory from observation　03.191
理论的不完备性　incompleteness of theories　03.187
理论的范围　scope of a theory　03.184
理论的工具主义解释　instrumentalist interpretation of theories　03.335
理论的接受　acceptance of a theory　03.181
理论的拒斥　rejection of a theory　03.183
理论的韧性　tenacity of theories　03.408
理论多元论　pluralism of theories　03.457
理论发明　theoretical invention　05.041
理论分析　theory analysis　05.143
理论负载性　theory-ladenness　03.419
理论改进　theoretical improvement　03.179
理论还原论　theory reductionism　03.188
理论假说　hypothesis in theory　05.235
理论价值区分　theory-value distinction　03.192
理论间关系　intertheoretic relation　03.185
理论间还原　intertheoretic reduction　03.189
理论接受的非实验标准　non-experimental standards of theory acceptance　03.182
理论解释　theoretical explanation　05.246
理论句　theoretical sentence　03.175
理论科学　theoretical science　01.038
理论描述　theoretical description　05.242
理论模型　theoretical model　05.213
理论评估　theoretical appraisal　03.178
理论评价　theoretical evaluation　03.177
理论实体　theoretical entity　02.075
理论事实　theoretical fact　05.034
理论术语　theoretical term　03.176
理论体系　theoretical system　05.239
理论相依性　theory-dependence　03.186
理论性研究　theoretical research　05.003
理论选择　theory choice　03.180
理论医学　theoretical medicine　04.314
理论语言　theoretical language　03.174
理论预见　theoretical prediction　05.249
理论增生　proliferation of theories　03.455
理论综合　synthesis in theory　05.159
理念　idea　02.211
理想化方法　idealization method　05.200
理想模型　ideal model　05.212
理想实验　ideal experiment　05.199
理想株型　optimum plant type　04.289
理性重建　rational reconstruction　03.348
理性化　rationalization　06.023
理性心理学　rational psychology　03.701
理性主义　rationalism　01.248
理由　reason　03.237
理由的内在化　internalization of reason　03.238
李森科主义　the doctrine of Lysenko　01.306
李雅普诺夫稳定性理论　Lyapunov stability theory　04.166
李雅普诺夫指数　Lyapunov exponent　04.188
李约瑟难题　Needham's problems　01.250
*历史辩证法　dialectics of society　01.007
历史分析　historical analysis　05.155
历史唯物主义　historical materialism　01.009
历史主义　historism　03.430
立体农业　solid agriculture　04.276
力和功　force and work　01.230
力学世界图景　mechanical picture of world　02.034
联结主义　connectionism　03.710
联系　connexion　01.143
联想主义　associationism　03.704
连续　continuity　03.100
连续律　law of continuity　02.258
炼丹术　alchemy; technique of making pill of immortality　03.599
炼金术　alchemy　03.589
两仪　Liang Yi; Yin and Yang; heaven and earth　02.143
量变　quantitative change　01.154
量子力学的哥本哈根解释　Copenhagen interpretation of quantum mechanics　03.568
量子力学的实在论诠释　realist interpretation of quantum mechanics　03.565
量子力学的哲学诠释　philosophical interpretation of quantum mechanics　03.564
量子逻辑　quantum logic　03.262
列举法　enumerate method　05.278
裂脑人　split-brain person　04.311

临床思维　clinical thinking　04.312
灵感　inspiration　03.741
灵知　gnosis　03.723
领导科学　science of leadership　01.074
流射　emanation　02.227
绿蓝悖论　glue-green paradox　03.295
绿色革命　green revolution　04.269
伦理难题　ethical dilemma　04.335
论证模式　argument pattern　03.247
罗素悖论　Russell paradox　03.288
逻各斯　logos　02.200
逻辑悖论　logical paradox　05.196
逻辑重建　logical reconstruction　03.270
逻辑词汇　logical vocabulary　03.267
逻辑方法　logical methods　05.133
逻辑概率　logical probability　03.269
逻辑构造　logical construct　03.268
逻辑记号　logical notation　03.266
逻辑经验论　logical empiricism　02.111
逻辑经验论的百科全书主义　encyclopedism of logical empiricism　03.136
逻辑历史一致律　law of logic consilience with history　01.208
逻辑实在论　logical realism　02.055
逻辑实证论　logical positivism　02.110
逻辑万能　logical omniscience　03.271
逻辑原子论　logical atomism　03.273
逻辑哲学论　Tractatus Logico-Philosophicus　02.117
逻辑主义　logicism　03.272

M

马尔萨斯主义　Malthusism　01.287
马赫实证论　Machean positivism　02.107
马赫学会　Verem Ernst Mach Society; Machean Society　02.114
马赫主义　Machism　01.292
马太效应　Matthew effect　06.037
麦克斯韦妖　Maxwell demon　03.071
盲法　blind method　05.126
毛粒子　Mao-particle　01.267
矛盾　contradiction　01.160
矛盾的绝对性和相对性　absolute and relative of contradiction　01.165
矛盾的客观性　objectivity of contradiction　01.162
矛盾的普遍性和特殊性　universality and particularity of contradiction　01.163
矛盾的统一性和斗争性　identity and struggle of contradiction　01.164
矛盾律　law of contradiction　01.200
枚举归纳　enumerative induction　05.165
迷信　superstition　03.021
米耳五法　J. S. Mill's five methods　05.167
米利都学派　Milesian School　02.194
米丘林学派　Michurin School　01.304
绵延　duration　02.268
免耕法　no-tillage system　04.285
＊描述　description　03.230
渺观　tiny-cosmic　01.084
＊民族心理学　ethno-psychology　03.717
民族志　ethnography　06.078
名的本质　nominal essence　03.039
命题函项　proposition function　03.229
命题态度　proposition attitude　03.228
摹状　description　03.230
摹状陈述　descriptive statement　03.231
模仿　imitation　02.214
模糊系统　fuzzy system　04.184
模拟实验　imitative experiment　05.094
模式识别　pattern recognition　03.732
模态逻辑　modal logic　03.255
模型　model　05.206
模型化原则　principle of model　05.281
模型组　model group　05.224
摩尔根学派　Morganian School　01.305
目标域　target domain　03.460
目的论　teleology　03.671
目的论自然观　teleological view of nature　02.017
目的性　teleonomy　03.672
目的因　final cause　02.220

N

纳米技术 nanotechnology 04.116
脑死亡 brain death 04.347
脑研究 brain research 03.747
内部方法 internalist methodology 06.075
内省 introspection 03.743
内在实在论 internal realism 02.057
内在随机性 intrinsic stochasticity 04.156
能 Neng; the basic materials of forming things; subject of cognition 02.157
能动转化律 law of dynamic transformation 01.206
能量 energy; amount of energy 02.046
能量守恒与转化定律 energy conservation and transformation law 01.098
能源 energy sources 01.099
能源科学 energy science 01.101
能源社会学 sociology of energy 06.098
*能源危机 energy crisis 01.100
能源问题 energy problem 01.100
拟定律性 lawlikeness 03.170
逆向思维 reversed thinking 05.261
牛顿时空观 Newton's view of time and space 01.118
农学哲学 philosophy of agronomy 01.027
农业 agriculture 04.243
农业工厂化 industrialized production in agriculture 04.268
农业工程 agricultural engineering 04.251
农业环境 agricultural environment 04.248
农业环境保护 protection of agricultural environment 04.275
农业技术 agricultural technique 04.245
农业结构 agricultural structure 04.250
农业科学 agricultural science 04.244
农业科学哲学 philosophy of agricultural science 04.242
农业起源 origin of agriculture 04.255
农业区划 agricultural regionalization 04.253
农业生态系统 agriculture ecosystem 04.266
农业生物 agricultural living things 04.247
农业推广 agricultural extension 04.246
农业系统 agricultural system 04.249
农业现代化 agricultural modernization 04.267
农业遥感 remote sensing in agriculture 04.277
农业再生产 agricultural reproduction 04.254
农业资源 agricultural resources 04.252
农业综合防治 integrated pest control in agriculture 04.287
努斯 nous 03.721
女权主义生命伦理学 feminist bioethics 04.361
女性主义 feminist 03.498
女性主义科学观 feminist perspective of science 03.499

O

偶然性 chance 03.093

P

排除-归纳法 elimination-induction method 05.175
排除型唯物论 eliminative materialism 03.035
排中律 law of excluded middle 01.201
判断 judgement 01.223
判决性实验 crucial experiment 05.093
旁观者知识论 spectator theory of knowledge 02.083
配方施肥 formula fertilizer 04.295
配合饲料 formula feed 04.296

膨胀宇宙　expanding universe　02.043
碰撞运动　collision movement　03.636
批判理性主义　critical rationalism　03.380
批判实在论　critical realism　02.061
频率分析　frequency analysis　05.151
平庸原理　principle of mediocrity　03.613
朴素唯物主义　native materialism　01.237
普遍联系　universal connexion　01.144
普纽玛　pneuma　02.228
普通逻辑　general logic; universal logic　01.033
普通思维规律　law of general thinking　01.198

Q

歧义性　ambiguity　03.359
齐物　Qi Wu; things change continuously, so there is no nature distinguish among them　02.169
齐物我　Qi Wu Wo; "I" exist simultaneously with heaven and earth, all things unite with me　02.170
启发法　heuristic method　03.404
器官移植伦理学　organ transplantation ethics　04.353
气　Qi; a kind of substance of forming universe　02.148
气化　Qi Hua; the process that Qi of Yin and Yang interacts each other to form all things　02.175
气化流行　Qi Hua Liu Xing; Qi of Yin and Qi of Yang change continuously with five elements (Wu Xing)　02.176
前定和谐　pre-established harmony　02.257
前价值主张　pre-value claims　03.514
前科学　prescience　03.004
前苏格拉底自然哲学家　presocratic natural philosopher　02.193
前意识　preconsciousness　01.124
潜能　potentiality　02.221
潜在证伪者　potential falsifier　03.384
强可证实性　strong verifiability　03.124
强相互作用　strong interaction　01.152
桥定律　bridge laws　03.293
*桥原理　bridge principles　03.293
亲合性　affinity　03.593
亲技术　pro-technology　04.047
青铜时代　Bronze Age　01.057
穷举法　method of exhaustion　05.163
求生伦理学　ethics of survival　04.238
求同差异法　method of agreement-difference　03.286
求同法　method of agreement　05.168
求同求异共用法　joint method of agreement and difference　05.170
求异法　method of difference　05.169
取消形而上学　elimination of metaphysics　02.121
取消主义　liquidationism　01.302
全称命题　universal proposition　03.226
*诠释　interpretation　03.331
确定性模型　determinate model　05.220
*确认　confirmation　03.196
确证　affirmation　03.127
群生法　synectics　05.274

R

燃烧的氧化理论　oxidation theory of combustion　03.591
燃素说　phlogiston theory　03.590
热的运动说　mechanical theory of heat　03.558
热寂　heat death　03.561
热力学平衡　thermodynamic equilibrium　04.142
热质说　caloric theory　03.557
人本主义　humanism　03.734
人本主义自然观　humanistic view of nature　02.016
人才科学　theory of talented persons　01.079
人道化的技术　humanized technology　04.024
人的生命　human life　04.309
人的死亡　death of person　04.310
人地关系　man-land relationship　03.650
人定胜天　human being must conquer nature　01.260
人工模型　artificial model　05.209

人工事实　artificial fact　06.071
人工语言　artificial language　05.023
人工语言逻辑　logic of artificial language　01.036
人工制品　artifacts　04.095
人工智能　artificial intelligence　04.096
人工种子　artificial seed　04.286
人工自然　artificial nature　02.025
人化自然　humanized nature　02.023
人-机控制系统　man-machine control system　04.183
人-机系统　human-machine system　03.728
人口决定论　determinism of population　01.286
人类中心论　anthropocentricism　02.039
人体观　view of human body　04.305
人为分类　artificial classification　05.137
人文地理　human geography　03.651
人文照射　humanist fix　04.025
人性　human nature　02.022
人员误差　personal error　05.118
人造自然　manufactured nature　02.026
人择原理　anthropic principle　02.040
人种心理学　ethno-psychology　03.717
认识工具　implement of knowledge　05.018
认识关联　epistemic correlation　02.086
认识客体　object of knowledge　05.013
认识论　epistemology　02.084
认识相对性　epistemic relativity　02.087
认识整体论　epistemological holism　02.088
认识主体　subject of knowledge　05.011
认证　confirmation　03.196
认知科学　cognitive science　03.729
认知图式　schema of cognition　01.127
认知意义　cognitive meaning　03.120
认知主义　cognitivism　03.730
日心说　heliocentric theory　03.615
冗余因果性　redundant causality　03.217
软科学　soft science　01.069
弱可证实性　weak verifiability　03.125
弱相互作用　weak interaction　01.151

S

三段论　syllogism　03.251
三阶段论　The Three Stages; theory of three stages of history on investigation of nature　01.308
三维空间　three dimensional space　01.113
筛选试验　screening test　05.101
熵　entropy　03.560
熵流　flow of entropy　04.147
熵增加原理　principle of entropy increasing　04.159
熵最小原理　principle of least entropy producing　04.158
上层建筑适应经济基础发展状况的规律　law of conformity of superstructure to the state of economic basis　01.196
上帝存在的证明　proofs of God's existence　02.232
社会辩证法　dialectics of society　01.007
社会达尔文主义　social Darwinism　03.678
社会父母　social parenthood　04.338
社会技术集合　sociotechnical ensembles　06.111
社会建构论　social constructivism　03.501
社会进化　social evolution　03.502
社会科学　social sciences　01.031
社会科学哲学　philosophy of social sciences　03.504
社会客体　social object　05.016
社会历史学派　socio-historical school　03.429
社会历史运动规律　law of social development　01.194
社会历史哲学　social and historical philosophy　01.010
社会圈　social sphere　04.202
社会认识论　social epistemology　03.500
社会生物学　social biology　03.687
社会协商　social negotiation　03.503
社会心理学　social psychology　03.716
社会学　sociology　01.023
社会约定　social convention　03.373
社会运动　motion of society　01.134
设备误差　equipment error　05.111
设施园艺　horticulture under structure　04.274
身体　body　02.250
神创　divine creation　02.239

神经感动　neurosis　03.750
神经哲学　neuro-philosophy　03.749
神学自然观　theological view of nature　02.009
渗透了理论的观察　theory-impregnated observation　03.416
生产关系适应生产力发展状况的规律　law of conformity of production relations to the state of productive forces　01.195
生产技术　productive technology　06.090
生机　entelechy　03.670
生命　life　03.653
生命冲动　elan vital　02.267
生命等级　living hierachy　03.075
生命伦理学　bioethics　04.321
生命神圣性　sanctity of life　04.345
生命系统　living system　03.654
生命系统理论　life system theory　04.138
生命之舟伦理学　lifeboat ethics　04.239
生命质量　quality of life　04.344
生态村　ecological village　04.278
生态方法　ecological method　04.207
生态观　ecological view　04.206
生态活动　ecoactivity　04.219
生态活动家　ecoactivist　04.218
生态价值　ecological value　04.214
生态空间　ecological space　04.210
生态伦理学　ecological ethics　04.216
生态灭绝　ecocide　04.223
生态模拟　ecological simulation　04.222
生态农业　ecological agriculture　04.263
生态平衡　ecological equilibrium　04.211
生态设计　ecological design　04.221
生态神学　ecological theology　04.217
生态时间　ecological time　04.209
生态思维　ecological thinking　04.220
生态危机　ecological crisis　04.212
生态文化　ecological culture　04.215
生态稳定性　ecological stability　04.228
生态系统　ecosystem　04.227
生态序　ecological order　04.208
生态学迷　ecofreak　04.224
生态学哲学　philosophy of ecology　01.026
生态意识　ecological consciousness　04.213
生态运动　ecology movement　04.226
生态灾难　ecocatastrophe　04.225
生态哲学　ecophilosophy　04.205
生物多样性　biological diversity；biodiversity　03.077
生物进化论　theory of bio-evolution　01.282
生物农业　biological agriculture　04.262
生物圈　biosphere　04.201
生物-心理-社会医学模式　bio-psycho-social medical model　04.303
生物学父母　biological parenthood　04.337
生物学哲学　philosophy of biology　03.652
生物医学模式　biomedical model　04.302
生物运动　biological motion　01.138
生源论　biogenesis　03.666
生殖伦理学　reproductive ethics　04.336
剩余法　method of residues　05.172
胜论　Vaisesika　02.189
诗化自然　poetic nature　02.024
石里克小组　Schlick Circle　02.113
石器时代　Stone Age　01.056
石油农业　petroleum agriculture　04.265
时间　time　01.107
时间的客观性　objectivity of time　01.108
时间的空间化　spatilization of time　03.068
时间的无限性　infinite of time　01.109
时间观　view of time　01.106
时间之矢　arrow of time　03.069
时空　spacetime　03.064
时空的相对性　relativity of space and time　03.552
时空观　view of time and space　01.105
时空流形　spacetime manifolds　03.066
时空学说　theory of time and space　01.116
时态逻辑　temporal logic　03.254
时序分析　analysis of time sequence　05.152
实践理性　practical rationality　03.347
实践唯物主义　practical materialism　01.240
实践学　praxiology　04.046
实践证明　practical proof　05.189
实事求是　to seek truth from facts　01.265
实体　entity　02.073
实物和场　substance and field　01.229
实验操作　operation in experiment　05.131

实验处理　experimentation treatment　05.080
实验的重复　replication of experiment　03.465
实验的认识论　epistemology of experiment　03.467
实验的作用　role of experiment　03.464
实验观察　experimental observation　05.071
实验规划　planning experiment　05.104
实验-归纳法　experiment-induction method　05.174
实验假说　hypothesis in experiment　05.234
实验科学　experimental science　01.039
实验可观测性　experimental observation ability　05.106
实验可靠性　experimental reliability　05.107
实验可控制性　experimental controllability　05.105
实验控制　control in experiment　05.081
实验设计　experimental design　05.122
实验数据　experimental data　05.132
实验误差　experimental error　05.108
实验哲学　philosophy of experiment　03.463
实验主义　experimentalism　03.375
实验组　experimental group　05.124
实用主义　pragmatism　03.374
实用主义技术论　pragmatic technology　04.045
实有　Shi You; substance; objective reality in matter world　02.178
实在　reality　02.071
实在的本质　real essence　02.076
实在价值主张　real-value claims　02.077
实在论　realism　03.047
实在论的方法论论据　methodological argument for realism　02.068
实在论的科学成功论据　success of science argument for realism　02.069
实在论的"没有奇迹"论据　"no miracles" argument for realism　02.067
实在论的实验论证　experimental argument for realism　02.070
实证论　positivism　02.106
实证论的科学哲学　positivist philosophy of science　02.104
实指定义　ostensive definition　03.131
实质主义技术论　substantive theory of technology　04.053
式　Shi; form; shape; opposite to Neng　02.156
世界1,2,3.　world 1,2,3.　03.395
世界的物质统一性　material unity of the world　01.095
世界观　view of world　01.016
世界图景　picture of world　02.033
事件　event　02.281
事实-价值区分　fact-value distinction　03.163
事实综合　synthesis in fact　05.158
势　Shi; power; force; situation　02.155
适用技术　appropriate technology　04.004
适者生存　survival of the fittest　03.664
视觉思维　visual thinking　03.739
试错法　trial and error method　05.078
收敛型思维　convergent thinking　05.255
守恒律　conservation law　03.550
守恒原理　conservation principle　01.191
数本说　theory of number as arche　02.199
数据的不可更改性　incorrigibility of data　03.162
数理逻辑　mathematical logic　03.253
数论　Samkhya　02.191
数秘术　numberology　02.242
数学悖论　mathematical paradox　03.525
数学柏拉图主义　Platonism in mathematics　03.521
数学猜想　mathematical conjecture　03.536
数学方法　mathematical method　05.225
数学归纳法　mathematical induction　03.534
数学基础　foundation of mathematics　03.517
数学经验论　empiricism in mathematics　03.523
数学美　mathematical beauty　03.537
数学模拟　mathematical imitation　05.226
数学模型　mathematical model　03.531
数学拟经验论　quasi-empiricism in mathematics　03.524
数学实验　mathematical experiment　03.532
数学-实验法　mathematics-experiment method　05.082
数学实在论　realism in mathematics　03.522
数学哲学　philosophy of mathematics　03.516
双重效应　double effect　04.331
双生子佯谬　twin paradox　03.554
水成论　neptunism　03.626
水平思维　level thinking　05.257

瞬态分析　transient analysis　05.150
顺序误差　sequence error　05.117
说明　explanation　03.311
说明的不相干问题　irrelevance problem of explanation　03.316
说明的常识观点　commonsense view of explanation　03.318
说明的覆盖律模型　covering law model of explanation　03.319
说明的归纳-统计模型　inductive-statistical model of explanation　03.321
说明的还原论　explanatory reductionism　03.324
说明的前科学模式　prescientific modes of explanation　03.317
说明的统计-相干模型　statistical-relevance model of explanation　03.322
说明的相干性　explanatory relevance　03.315
说明的演绎-律则模型　deductive-nomological model of explanation　03.320
说明的一致性　explanatory coherence　03.314
说明的语用理由　pragmatic account of explanation　03.361
说明项　explanans　03.312
斯多葛学派　Stoics　02.225
思辨心理学　speculative psychology　03.691
思维辩证法　dialectics of thinking　01.012
思维工具　implement of thinking　05.019
思维规律　law of thinking　01.197
思维经济　economy of thought　02.109
思维经济原则　the principle of thinking-economy　05.265
思维科学　noetic sciences　01.032
思维模型　thinking model　05.211
思维形式　form of thinking　01.221
思维运动　motion of thinking　01.135
思维障碍　obstructions in thinking　05.264
思维中的具体　concrete in thinking　05.182
思维转换　thinking-shift　05.263
思想的语言　language of thought　03.115
思想实验　thought experiment　05.198
私人概率　personalist probability　03.304
私人语言　private language　03.114
死亡伦理学　death ethics　04.346
死亡权利　right to die　04.348
四根　four roots　02.203
四维时空　four dimensional spacetime　03.065
四象　Si Xiang; having a lot of meanings, it means four seasons; four elements—metal, wood, fire and water; Tai Yin, Tai Yang, Shao Yang, etc.　02.144
四因说　doctrine of four causes　01.273
四种相互作用的统一　unification of four interactions　03.586
似真推理　plausible inference　03.533
素朴实在论　naive realism　03.048
素朴证伪主义　naive falsificationism　03.386
素质　disposition　03.233
素质术语　disposition term　03.234
随机抽样　random sampling　05.128
随机分配　random allocation　05.129
随机实验　random experiment　05.097
随机误差　random error　05.119
随机性　randomness　03.110
随机性模型　stochastic model　05.221
随机性原则　principle of randomization　05.127
所与　given　02.072

T

塔尔斯基的真理论　Tarski's theory of truth　03.212
胎儿本体论　fetus ontology　04.339
泰勒制　F. W. Taylor's system　01.296
太和　Tai He; supreme peace and harmony of universe　02.140
太极　Tai Ji; quintessence of universe; Supreme Ultimate　02.135
太极说　theory of the Supreme Ultimate　01.255
太空实验　outer space experiment　05.099
太虚　Tai Xu; great void　02.139
太玄　Tai Xuan; nature of things comes from "Xuan"　02.171
太一　Tai Yi; "Tai" means supreme, "Yi" means absolute one　02.138

探索性实验　exploitative experiment　05.091
特设性假说　ad hoc hypothesis　05.236
特性分析　specificity analysis　05.144
体验和知识的区分　difference between acquaintance and knowing　03.126
体用论　theory of "Ti" and "Yong"; "Ti" means character, "Yong" means function　02.174
天　Heaven　02.128
天道　Heaven Tao　02.129
天道无为　calm and content himself of Heaven Tao　02.133
天道自然　the nature of Heaven Tao　02.132
天命　God's will; destiny; fate　02.130
天球　celestial sphere　02.248
天然模型　natural model　05.208
天然位置　natural place　02.224
天然运动　natural motion　02.223
天人感应　interaction between heaven and mankind　01.261
天人关系说　theory of relation between heaven and mankind　01.256
天人合一　harmony of man with nature; unity of heaven and mankind　01.257
天人相分　distinguish mankind from heaven　01.258
天人相胜　heaven and mankind alternatively overtake each other　01.259
天体层次　levels of celestial universe　03.606
天体进化论　evolution of celestial bodies　01.279
天体球形说　celestial body globule hypothesis　03.621
天体运动　celestial bodies motion　01.142
天文学　astronomy　01.086
天文学方法　method of astronomy　03.602
天文学哲学　philosophy of astronomy　03.601
天演论　cosmogony; theory of evolution　01.263
天志　God's will; God was master of all things, it had willingness and personality　02.131
挑战　Herausforden(德); challenging　04.022
铁器时代　Iron Age　01.058
停滞的研究纲领　stagnating research programme　03.413
同行评议　peer review　06.066
同时发现　simultaneous discoveries　06.070
同时性　simultaneity　03.553
同性恋　homosexuality　04.359
同一律　law of identity　01.199
统计方法　statistical method　05.229
统计概率陈述　statistical probability statement　03.227
统计规律　statistical law　03.546
统一场论　unified field theory　03.585
统一[的]科学　unified science　03.134
统一科学百科全书　encyclopedia of unified science　03.135
头脑风暴法　brain-storming method　05.273
透视主义　perspectivism　03.484
突变　catastrophe　01.159
突变论　catastrophe theory　03.680
突现进化　emergent evolution　02.274
突现论　emergentism　03.656
图灵机　Turing machine　04.181
图式　schema　01.126
图像理论　picture theory　02.118
土地报酬递减律　law of diminishing return of land　04.271
土壤生物　soil organisms　04.294
土壤微形态学　soil micromorphology　04.291
湍流　turbulence　04.160
推定同意　presumed consent　04.355
推理　inference; reasoning　01.224
推理的理解模式　understanding modes of reasoning　03.243
推论　inference; deduction　03.236
退步的研究纲领　degenerating research programme　03.412
退行进化　regressive evolution　03.659

W

外部方法　externalist methodology　06.074
外部实在论　external realism　02.056

外部世界　external world　02.036
外在随机性　external stochasticity　04.155
外展　abduction　03.309
外展逻辑　abductive logic　03.310
完美程度证明　proof from the degrees of perfection　02.236
完全归纳　complete induction　05.162
万物　all things　02.142
网络理论　network theory　04.179
微观　microscopic　01.083
微观还原　micro-reduction　03.145
微观取向　microscopic orientation　06.077
微观说明　micro-explanation　03.326
微粒哲学　corpuscular philosophy　02.249
微循环　micro-cycle　01.168
微元分析　infinitesimal analysis　05.149
唯理论　rationalism　01.277
唯名论　nominalism　03.038
唯能论　energetism　01.294
唯我论　solipsism　03.030
唯物辩证法的规律　law of materialist dialectics　01.177
＊唯物论　materialism　01.236
唯物史观　materialist conception of history　01.008
唯物主义　materialism　01.236
＊唯心论　idealism　01.241
唯心主义　idealism　01.241
维也纳学派　Vienna Circle　02.112
伪科学　pseudo-science　03.019
未来学　futurology　06.020
谓词还原论　predicate reductionism　03.146
卫生政策伦理学　health policy ethics　04.360
卫生资源分配　allocation of health resources　04.356
温和的技术决定论　soft determinism of technology　04.051
稳定状态　stable state　04.154
稳态　homeostasis　04.308
问题分解　resolution of problem　05.047
问题结构　structure of problem　05.043
问题解决　problem-solving　05.049
问题提法　the way for put the problem　05.046
问题网络　network of problem　05.044
问题意识　problem-conscious　05.050
问题转换　problem-shift　05.048
问题状况　situation of problem　05.045
巫术　magic　03.022
巫医　magic medicine　04.320
乌鸦悖论　raven paradox　03.292
无　nonbeing　02.124
无产阶级文化派　proletarian-cultural school　01.300
无缝之网　seamless web　06.107
无极　Wu Ji; original noumenon　02.136
无限　infinite　03.088
无形学院　invisibles college　06.062
无序　disorder　03.090
无意识　unconsciousness　01.123
无意识心理　unconscious mind　03.719
无意象思维　imageless thinking　03.744
无政府主义知识论　anarchistic theory of knowledge　03.452
无中生有　fabricate out of thin air; create out of nothing　02.163
五细微元素　the five tiny elements (color, sound, fragrant, taste, touch)　02.190
五行　Wu Xing; the Five Elements—metal, wood, water, fire, earth　02.147
五行说　theory of the Five Elements　01.252
物　thing　02.282
物化　reification　04.048
物活论　hylozoism　02.247
物竞天择　survival of the fittest; natural selection　02.180
物理的可理解性　physical intelligibility　03.583
物理的物的语言　physical thing language　03.139
物理实体　physical entity　03.542
物理学　physica　02.216
物理学革命　physical revolution　03.541
物理学基础　foundation of physics　03.539
物理学理论的客观性　objectivity of physical theory　03.582
物理学理论的完备性　completeness of physical theory　03.581
物理学危机　crisis in physics　03.540
物理学唯心主义　idealism in physics　01.291
物理学哲学　philosophy of physics　03.538

物理运动　physical motion　01.137
物理主义　physicalism　03.137
物理主义语言　physicalism language　03.138
物料　material　01.097
物质　matter　01.091
物质变换　transformation of matter　01.096
物质波　matter wave　02.053
物质不灭　conservation of matter　01.092
物质层次结构　hierarchical structure of matter　01.093
物质的二象性　duality nature of matter　03.573
物质观　view of matter　01.090
物质和意识　matter and consciousness　01.228
物质结构　structure of matter　02.044
物质模型　material model　05.210
物质微粒　particles of matter　02.051
物种　species　03.685
物种不变性　immutability of species　03.686

X

析因实验　factorial experiment　05.095
西方马克思主义　Western Marxism　01.310
西方自然哲学　Western philosophy of nature　02.003
吸引子　attractor　04.162
希尔伯特纲领　Hilbert programme　03.527
系统　system　04.121
系统辩证法　system dialectics　04.185
系统层次律　ordered structural principle　01.184
系统的功能　function of system　04.129
系统的环境　environment of system　04.130
系统的结构　structure of system　04.128
系统的类型　types of systems　04.126
系统的要素　elements of system　04.127
系统动力学　system dynamics　04.139
系统方法　system method　05.279
系统仿真　system simulation　05.283
系统分析　systematic analysis　05.154
系统工程　system engineering　04.182
系统科学　system science　04.124
系统误差　systematic error　05.120
系统学　systematology　04.122
系统哲学　philosophy of system　04.123
系统自然观　systematic view of nature　02.014
系综　ensemble　03.082
细胞学说　cell theory　01.285
下意识　subconsciousness　01.125
先成论　preformation　03.667
先天　a priori　03.024
先天综合判断　synthetic judgement a priori　03.026
*先验　a priori　03.024
先验论　apriorism　01.245
显定义　explicit definition　03.128
显序　explicit order　03.109
现代自然哲学　modern philosophy of nature　02.006
现实　actuality　02.222
现实实有　actual entities　02.278
现实事态　actual occasion　02.279
现象论　phenomenalism　03.029
现象实在论　phenomenal realism　03.050
限定　setting-upon　04.052
相　Xiang；looks；phase；image　02.153
相变　phase transition　01.158
相对空间　relative space　03.061
相对论的时空观　relativistic view of time and space　01.119
相对时间　relative time　03.063
相对误差　relative error　05.110
相对运动　relative motion　03.057
相对主义　relativism　03.367
相干逻辑　relevance logic　03.264
相互作用　coaction；interaction　01.148
象形符号论　theory of pictographic symbols　01.295
消去归纳法　eliminative induction　03.285
小科学　little science　06.035
小一　Xiao Yi；infinite small　02.141
小宇宙　microcosm　02.244
协同学　synergetics　04.135
新柏拉图学派　neoplatonic school　02.226
新常规科学　new normal science　03.443
新达尔文主义　neo-Darwinism　01.283
新技术　new technology　04.039

新技术革命 the new technical revolution 01.068
新康德主义 neo-Kantism 01.290
新科学 new science 04.038
新勒德主义 neo-Ludditism 04.033
新生儿伦理学 neonatal ethics 04.343
新实在论 neo-realism 02.064
心理个人主义 psychological individualism 03.697
心理还原论 psychological reductionism 03.699
心理实验 mental experiment 03.692
心理物理学 psychophysics 03.700
心理学哲学 philosophy of psychology 03.688
心理语言学 psycholinguistics 03.698
心理主义 psychologism 03.695
心理状态 mental state 03.693
心理状态的类型同一性理论 type-identity theory of psychological states 03.694
心理自主性 psychological autonomy 03.696
心灵 mind 02.251
心灵的表象理论 representational theory of mind 03.722
心灵的计算理论 computational theory of mind 03.731
心灵学 parapsychology 03.724
心灵哲学 philosophy of mind 03.689
心身问题 mind-body problem 03.720
心身医学 psychosomatic medicine 04.315
心物二元论 dualism of mind and matter 02.252
信息 information 01.102
信息爆炸 information explosion 01.103
信息方法 information method 05.286
信息加工理论 information processing theory 03.727
信息科学 information science 04.169
信息库 information library 04.171
信息量 amount of information 04.170
信息论 information theory 04.168
信息社会 informational society 06.026
信息时代 Information Age 01.063
信息域 domain of information 03.459
信息维数 information dimension 04.186
星云假说 nebular hypothesis 02.259
形而上学 metaphysics 01.002
形而上学蓝图 metaphysical blueprint 03.462
形而上学实在论 metaphysical realism 02.058
形而上学自然观 metaphysical view of nature 02.013
形式 form 02.212
形式化方法 formalization method 05.201
形式科学 formal science 03.006
形式逻辑 formal logic 03.252
形式系统 formal system 03.530
形式系统的解释 interpretation of formalisms 03.332
形式因 formal cause 02.218
形式语言 formal language 05.024
形式主义 formalism 03.520
形态分析 shape analysis 05.145
形象化方法 method of imagery 05.202
形象模型 model of image 05.217
形象思维 image thinking 05.254
形质说 Gestalt quality theory; Gestalt qualitaet Theorie 03.711
行而上 Xing Er Shang; the things that haven't be formed 02.162
行为科学 science of behavior 01.078
行为主义心理学 behavioristic psychology 03.709
性 Xing; character; inherent quality of things 02.152
性伦理学 sex ethics 04.358
Q 性质 Q-properties 03.584
休谟的因果性分析 Humean analysis of causality 03.213
休谟问题 Humean problem 03.280
虚霩 Xu Guo; the void before the universe occurred 02.172
虚空 void 02.208
虚拟现实 virtual reality 04.177
嘘气 breathe out slowly 02.197
叙述 narrative 03.492
序 order 04.131
序参量 order parameter 04.148
序贯分析 sequential analysis 05.153
序贯实验 sequential experiment 05.103
宣夜说 theory of expounding appearance in the night sky; infinite empty space cosmology 02.181
选题原则 principle of choice 05.053

薛定谔猫　Schroedinger's cat　03.575
学科基质　disciplinary matrix　03.436
学徒制　apprenticeship　06.100
循环　circulation; cycle　01.167
循环发展律　principle of cyclical development　01.186

Y

研究传统　research tradition　03.461
研究纲领　research programme　03.398, research program　06.104
研究纲领的成分　components of research programme　03.399
研究和发展　research and development　06.027
延迟选择实验　delay-selection experiment　03.556
言传知识　explicit knowledge　03.745
言语记录句　verbal protocol　03.161
＊演化论　evolutionary theory　03.674
演绎　deduction　03.274
演绎论证　deductive demonstration　05.177
演绎逻辑　deductive logic　03.275
演绎推理　deductive reasoning　05.176
演绎主义　deductionism　03.276
验证　corroboration　03.389
扬弃　sublation　01.182
要素　crucial component　03.086
一般系统论　general system theory　04.133
一分为二　one divides into two　02.160
一元论　monism　01.233
医德学　theory of medical morality　04.323
医患关系　physician-patient relationship　04.329
医学　medicine　04.299
医学家长主义　medical paternalism　04.332
医学伦理学　medical ethics　04.322
医学逻辑学　medical logic　04.316
医学模式　model of medicine　04.301
医学目的　goals of medicine　04.304
医学社会学　medical sociology　04.317
医学心理学　medical psychology　04.318
医学哲学　philosophy of medicine　04.300
遗传决定论　cladism　03.684
遗传伦理学　genetic ethics　04.340
移植法　transplant method　05.277
仪器观察　observation of use instrument　05.073
以太　ether　03.549
以太说　theory of ether　02.179
易　Yi; change　02.158
役使原理　slaving principle　04.157
意动心理学　act psychology　03.705
意会知识　tacit knowledge　03.746
意识　consciousness　01.122
意识论　theory of consciousness　01.121
意识心理　conscious mind　03.718
意向实在论　intentional realism　02.063
＊意向心理学　act psychology　03.705
意义悖论　paradox in meaning　05.197
意义标准　criterion of meaning; criterion of significance　03.119
意义的理论负载性　theory-ladenness of meaning　03.421
因果分析　causal analysis　05.148
因果联系　causal connection　03.215
因果链　casual chain　03.214
因果相干性　causal relevance　03.216
因果性　causality　03.091
因果性事实　the fact of causation　05.035
因素分析　factor analysis　05.147
阴阳　Yin and Yang　02.146
阴阳说　theory of the Yin and Yang　01.251
引力几何化　geometricalization of gravity　03.067
引力相互作用　gravitational interaction　01.149
隐变量　hidden variable　03.105
＊隐德来希　entelechy　03.670
隐定义　implicit definition　03.129
隐序　implicit order　03.108, implicate order　03.580
隐喻　metaphor　03.494
隐喻法　metaphor method　05.203
印度自然哲学　Indian philosophy of nature　02.005
应用科学　applied science　01.041
营养元素归还说　theory of nutritional element return　04.272

硬核　hard core　03.400
硬科学　hard science　01.070
庸俗进化论　vulgar evolutionism　03.676
庸俗唯物论　vulgar materialism　01.289
永动机　perpetual motion machine　03.559
永恒客体　eternal objects　02.283
优生学　eugenics　04.341
优生运动　eugenic movement　04.342
优先权　priority　06.043
有　being　02.125
有机论　organism　03.657
有机农业　organic agriculture　04.261
有机整体　organized whole　03.081
有机自然观　organic view of nature　02.008
有利原则　principle of beneficence　04.324
有限　finite　03.087
有序　order　03.089
右脑革命　right-brain revolution　03.748
与境　context　03.336
与境主义　contextualism　03.468
宇观　cosmoscopic　01.081
宇航时代　Astronavigation Age　01.062
宇宙　universe; cosmos　03.603
宇宙大爆炸　big-bang of universe　02.042
宇宙岛　island universe　03.605
＊宇宙观　view of world　01.016
宇宙和谐　cosmological harmony　03.608
宇宙奇点　cosmological singularity　03.612
宇宙论　cosmology; universal theory　02.038
宇宙热寂说　theory of heat death　01.288
宇宙无限说　theory of infinite universe　01.088
宇宙学　cosmology　01.085
宇宙学佯谬　cosmological paradox　03.609
宇宙学原理　cosmological principle　03.610
宇宙有限说　theory of finite universe　01.089
宇宙运动　cosmos motion　01.141
宇宙秩序证明　proof from the order of the universe　02.237
语言　language　03.112
语言学分析　linguistic analysis　03.117
语言学约定　linguistic convention　03.118
语言游戏　language game　03.116
语义的不可通约性　semantic incommensurability　03.445
语义的理论观　semantic view of theories　03.356
语义分析　semantic analysis　03.358
语义规则　semantic rules　03.351
语义–句法区分　semantic-syntax distinction　03.352
语义实在论　semantic realism　03.355
语义学　semantics　03.350
语义真理　semantic truth　03.357
语用学　pragmatics　03.360
域　domain　03.458
预备性实验　preparative experiment　05.100
预测　prediction　03.409
预测科学　prognostics　01.073
预测力　predictive power　03.410
＊预假设　presupposition　03.369
预设　presupposition　03.369
预设主义　presuppositionism　03.370
阈值　threshold value　04.161
元抽象法　method of elementary abstraction　05.186
元话语　meta-discourse　03.490
元科学　meta-science　03.005
元气　Yuan Qi; the most primitive substance of forming universe　02.149
元气说　theory of primordial emanative material force　01.254
元数学　metamathematics　03.518
元素　element　03.085
元素论　theory of elements　02.186
元叙述　meta-narrative　03.493
元语言　meta-language　03.113
元哲学　metaphilosophy　03.023
原始火成论　original plutonism　03.620
原始农业　primitive agriculture　04.256
原始水成论　original neptunism　03.619
原型　prototype　05.205
原质　pradhana　02.187
原子　atom　02.207
原子论　atomism　01.272
原子论者　atomists　02.206
原子偏斜说　theory of atom slanting　01.274
远距离关联　correlation at a distance　03.579
远离平衡态　far-from-equilibrium state　04.144

远离平衡态的,耗散的,非线性动力学系统　far-from-equilibrium, dissipative, non-linear dynamic system　03.481
约定论　conventionalism　03.372
运动　motion　03.055
运动不灭　conservation of motion　01.132
运动观　view of motion　01.130
运动和静止　motion and standstill　01.131
运动形式　forms of motion　03.058
运动证明　proof from motion　02.233

Z

杂种优势　heterosis　04.283
灾变论　catastrophism　03.628
暂态　transient state　04.153
造物　created being　02.238
怎么都行　do as one please　03.454
增长的极限　limits to growth　04.241
展现　revealing　04.015
占星术　astrology　02.240
涨落　fluctuation　04.145
胀观　distend-cosmic　01.080
＊找矿哲学　mineral exploration philosophy　03.645
哲学　philosophy　01.014
哲学基本问题　basic problems of philosophy　01.015
哲学心理学　philosophical psychology　03.690
哲学原子论　philosophical atomism　03.028
真空　vacuum　03.059
真理　truth　03.201
真理的符合论　correspondence theory of truth　03.211
真理的贯融论　coherence theory of truth　03.209
真理的语用理论　pragmatic theory of truth　03.363
真理函项　truth-function　03.204
真理内容　truth content　03.203
真理要求　truth claim　03.202
真值　truth value　03.205
真值表　truth table　03.206
蒸汽机时代　Steam Engine Age　01.059
整合　integration　02.284
整体论　holism　03.415
整体论自然观　holist view of nature　02.018
整体性　wholeness　03.425
整体性原则　principle of whole　05.280
整体医学　holistic medicine　04.319
整体综合　whole synthesis　05.160
正面启发法　positive heuristic　03.405
证据　evidence　03.199
证据的不可区分性　evidential indistinguishability　03.427
证据的污染　evidence contaminated　03.426
证明　proof　05.188
证实原理　principle of verification　03.121
证实主义　verificationism　03.122
证伪　falsification　03.382
证伪者　falsifier　03.383
芝诺悖论　Zeno's paradoxes　02.202
知觉交流　perception communication　03.725
知觉结构　perceptual structure　03.726
知情同意　informed consent　04.333
知识产权　intellectual property　06.019
知识的基础　foundation of knowledge　02.081
知识的确定性　certainty of knowledge　02.082
知识论　theory of knowledge　02.080
知识社会学　sociology of knowledge　01.024
直接测量　direct measurement　05.058
直接和间接证据　direct and indirect evidence　03.200
直接实验　direct experiment　05.087
直接证明　direct proof　05.190
直觉　intuition　02.269
直觉思维　intuition thinking　03.740
直觉主义　intuitionism; intuitionalism　03.519
直觉主义逻辑　intuitionist logic　03.257
直觉悖论　intuitional paradox　03.290
直生论　orthogenesis　03.660
植物抗性　plant resistance to environment stress　04.293
植物微繁殖技术　microreproduction technology　04.292
植物微生态　plant microecology　04.288

植物营养诊断　diagnosis of plant nutrition　04.290
n值逻辑　n-value logic　03.261
指称　nominatum　03.040，reference　03.219
指称的不确定性　indeterminacy of reference　03.222
指称的宽容原理　charity principle of reference；tolerance principle of reference　03.221
指称的因果理论　causal theory of reference　03.218
指导性实验　guidingability experiment　05.102
至大无外　without great any more　02.164
至小无内　without small any more　02.165
智慧圈　noosphere　04.204
智力结构　intelligence structure　03.736
质变　qualitative change　01.155
质量　mass　02.045
质量互变规律　law of mutual change of quality and quantity　01.179
质料因　material cause　02.217
质能转化　transformation of mass-energy　02.047
中国自然哲学　Chinese philosophy of nature　02.002
中间实验　middle experiment　05.089
中间试验　middle test　05.090
中介　mediation　01.145
中医哲学　philosophy of Chinese medicine　04.313
种质说　germplasm theory　03.679
种子　seed　02.205
种族中心主义　ethnocentrism　02.091
周期发展律　law of periodic development　01.207
主动安乐死　active euthanasia　04.350
主观辩证法　subjective dialectics　01.004
主观能动性　subjective activity　01.176
主观唯心主义　subjective idealism　01.242
主观性　subjectivity　03.046
主观主义　subjectivism　03.044
主体　subject　03.045
主体条件句　subjective conditionals　03.246
主体系统　system of subject　05.012
专利　patent　06.106
转化守恒律　principle of conservation of transformations　01.185
装置范式　device paradigm　04.014
准理论性　theory likeliness　03.190
自催化和交叉催化反应　self-catalyst and cross-catalyst reaction　03.598
自动化　automation　04.097
自动控制理论　automatic control theory　04.178
自反性　reflexivity　03.277
自然　nature　02.020
自然本体论态度　natural ontological attitude　03.472
自然辩证法　dialectics of nature　01.005
自然辩证法规律　law of dialectics of nature　01.183
自然的本体化　ontologicalization of nature　02.031
自然的两岔　the bifurcation of nature　02.280
自然的区分　Division of Nature　02.229
自然的数学化　mathematicalization of nature　02.030
自然的统一性　unity of nature　02.029
自然的现象律　phenomenological law of nature　03.169
自然发生说　spontaneous generation　03.661
自然分类　natural classification　05.138
自然观　view of nature　02.007
自然观察　natural observation　05.070
自然化　naturalization　03.471
自然解释　explanation of nature　05.244
自然界　natural world　02.028
自然界变化发展的周期性　periodicity of change and development in nature　01.189
自然界的辩证法　dialectics in nature　01.006
自然界物质形态　forms of matter in the nature　01.094
自然界运动过程的内在否定性　inherent negativeness of motion process in nature　01.188
自然界运动转化的守恒性　conservation of transformations of motion in nature　01.187
自然科学　natural sciences　01.030
自然科学哲学问题　philosophical problems of natural sciences　01.025
自然客体　natural object　05.015
自然类　natural kind　03.470
自然律　law of nature　03.168
自然认知　natural cognition　03.473
自然神论　natural theology　02.262
自然史　natural history　03.078

自然图景　picture of nature　02.032
自然巫术　natural magic　02.241
自然无为　calm and content himself of nature　02.134
自然物　natural substance　02.027
自然序理想　ideals of natural order　03.474
自然选择　natural selection　03.079
自然语言　natural language　05.022
自然语言逻辑　logic of natural language　01.035
自然运动　motion of nature　01.133
自然哲学　philosophy of nature　02.001
自然主义　naturalism　03.469
自然主义的定义观　naturalistic conception of definitions　03.478
自然主义的指称理论　naturalistic theory of reference　03.479
自然主义谬误　naturalistic fallacy　03.477
自然主义实在论　naturalist realism　02.059
自然主义心理学　naturalist psychology　03.703
自身的外在　outside itself　02.266
自生　being-in-itself　02.154
自生学说　autogenesis　03.662
自性　prakrti　02.188
自指称性　self-referentiality　03.220
自主技术论　theory of autonomous technology　04.006
自组织　self-organization　04.146
自组织理论　self-organization theory　04.125
宗教裁判所　the Inquisition　01.231
宗教神学自然观　religions views of nature　01.232
综合　synthesis　03.153
*综合陈述　synthetic statement　03.154
综合方法　synthetic methods　05.157
综合技术　polytechnics　04.043
综合进化论　synthetic theory of evolution　03.677
综合句　synthetic sentence　03.154
*综合命题　synthetic proposition　03.154
总体综合律　law of overall synthesis　01.205
总星系　Metagalaxy　03.604
组合法　combination method　05.276
最小养分律　law of minimum nourishment　04.273
最优化原则　principle of optimization　05.282
最优原理　optimum principle　01.193
尊重原则　principle of respect　04.325
尊重知识,尊重人才　respect knowledge, respect talent　01.271
作为机遇的概率　probability as chance　03.301
作为认识进路的指称　reference as epistemic access　03.223
作为信念度的概率　probability as degree of belief　03.303
作为意识形态的技术　technology as ideology　04.088
作用　action　01.146
作用和反作用　action and reaction　01.147
作者-文本-读者关系　author-text-reader relations　03.497
座架　Gestell(德); enframing　04.020